JN044242

論理回路入門

第4版

浜辺 隆二 著

森北出版

まえがき

第4版発行に際して

本書の特徴は，初心者にとって難しいブール代数をやさしい「集合のはなし」に置き換えて理解しやすいように記述していることである．

改訂にあたり，理解をより容易にするために，本文や図表などの修正，従来版の2色刷りをフルカラーとし，各章の最後に「まとめ」を追記している．また，カルノー図とQ–M法の簡単化手順における重複項の取り扱いに関する留意事項を追加している．

筆者は，ブール代数や論理回路に出会ってから，ミニコンの開発に始まり，マイコンを用いたディジタル機器の開発や，大手36社との約10年にわたる共同研究（JIS規格に寄与）などに従事してきた．論理回路を構成する半導体素子は年々進化しているが，その基礎理論は経年によって陳腐化することはない．

最後に，よりわかりやすいテキストを意図した貴重なご助言，また，本文や図表などの細部にわたる修正と校正，および出版に関する多くのお世話をいただいた森北出版の福島崇史氏および藤原祐介氏に深謝します．

2021年9月　　　　　　　　　　　　　　　　　　　　　　　　　　著　者

第3版発行に際して

コンピュータ設計やディジタル機器設計にとって重要な基礎理論は，論理回路のブール代数である．ブール代数は，2値論理 (変数値と関数値がともに0と1のみ) なので通常の数学の考え方と異なるために，初めて学ぶ方にとっては理解しにくいところがある．そこで，本書ではブール代数の考え方を「集合のはなし」に置き換えて理解しやすいように工夫している．

本改訂版では，主に基礎理論であるブール代数に関する第2章と第3章について，著者の講義経験をもとに初学者がつまづきやすい部分の説明を見直した．また，テキストの全般にわたって2色刷りとし，要点や図表を読み取りやすくした．

コンピュータを構成する装置は，入出力装置 (パリティチェック，エンコーダ・デコーダ，マルチプレクサ・デマルチプレクサ)，演算装置 (加減算器，汎用レジスタ，

アキュームレータ), 制御装置 (プログラムカウンタ, 命令レジスタ, 命令デコーダ, アドレスデコーダ), 記憶装置 (アドレスレジスタ, メモリレジスタ, メモリ) である. 第4章と第5章では, これらの装置を構成する各要素について, 「集合のはなし」の延長をベースに, MSI (中規模集積回路) レベルの論理設計法として展開している.

上記のコンピュータ設計にかかわる論理回路の知識さえあれば, 自動販売機などの単純なディジタル機器は1チップマイコンを, 複雑な制御システムは1ボードマイコンを利用して開発することができる. また, 最近の多くのディジタル機器開発にはCPLDやFPGAなどが使用されているが, これらは論理設計した回路図をソフトシミュレーションで動作確認したあとにハード化するための開発技術で, これも論理回路の知識が不可欠である. 本テキストがこれらの開発技術習得の一助になれば幸いである.

最後に, よりわかりやすいテキストへの改訂を意図して, 2色刷りやその他の編集に関する多大なご協力および多くのアイデアを示唆していただいた森北出版の千先治樹氏に深謝します.

2015年9月　　　　　　　　　　　　　　　　　　　　　　　　　著　者

第2版発行に際して

本書の改訂に際して, 留意した主なところは二つである. 一つ目は, 本文中の説明不足と例題についてよりわかりやすく補足し, 理解を深めるための演習問題を追加したことである. 二つ目は, 各章のTTL関連の記述を削除したことである. 本書を出版した当初のディジタル技術はTTLが中心で, CMOSが普及し始めた頃であった. その後, CMOSの欠点であったスイッチング速度が改善され, 低消費電力の特徴を生かしてICの主流となり, VHDLなどのソフトウェアを用いたハードウェア設計 (CPLD, FPGAなど) へと発展している. これからも種々の新たな素子技術の発展が予想され, かつ, 本書の目的は論理回路設計技術の基礎理論の理解に寄与することであるから, 第2版はできるだけ設計技術の理論的内容を中心とし, それを構成する主要素子 (TTL, CMOS) の解説とその使い方などに関する内容を削除した. 時代に即したこれらの主要素子に関連する専門書は多数発刊されており, 興味のある方はそちらを参照していただきたい.

論理回路の基礎理論は, 時代の推移に関係なく重要な学問である. 筆者が電子計算機の設計基礎理論としてブール代数に出会ったときは, たくさんの公式とその証

明において理解し難い印象があった．その後，東大の矢野健太郎先生 (故人) がブール代数を「集合のはなし」に置き換えて，ブール代数は大変易しいということを解説されたことを記憶している．このことから，本書でもブール代数を集合のはなしに置き換えて，理解しやすいように展開している．

最後に，第 2 版の出版に際して多くのお世話をいただいた森北出版の青木玄氏に深謝します．

2008 年 11 月 　　　　　　　　　　　　　　　　　　　　　　　　著　者

初版発行に際して

論理回路は，もともとコンピュータのハードウェア設計の基礎理論である．マイクロコンピュータの発展によって，現在では一般的なディジタル技術の基礎理論として定着し，LSI の設計やコンピュータのインターフェース設計などに関連して情報工学だけでなく，電子，電子材料，電気，機械，制御工学などの工学系の重要な基礎科目として認識されている．

本書の目的は論理回路を構成する組合せ回路と順序回路の設計法を学ぶことで，大学の学部または高専のテキストとして，あるいはすでにディジタル技術分野に従事しながら基礎理論を再確認したい技術者などを対象としている．

論理回路では入力信号と出力信号の関係を 2 値の論理変数と論理関数で表すが，第 1 章ではこれらの入力信号を取り扱うための数と符号の表現法について述べ，第 2 章で AND や OR などの基本論理演算および集合論程度の知識で理解することのできる論理関数の性質について詳説する．第 3 章では論理関数から論理回路を構成する場合の簡単化法について述べ，第 4 章で具体的な組合せ回路を例にしてその設計法を示している．第 5 章では順序回路の記憶回路を構成するフリップフロップを学び，それを用いた順序回路の設計法を示す．第 6 章には，第 5 章までの論理構造の理解と応用において必要とされるエレクトロニクスの基本的な事項をまとめているので，必要に応じて参照していただきたい．

執筆にあたり，巻末に示す多くの著書と文献を参考にさせていただいた．紙面をお借りしてお礼申し上げます．また，出版に際して多くのお世話をいただいた森北出版の渡辺侃治氏に深謝します．

1995 年 7 月 　　　　　　　　　　　　　　　　　　　　　　　　著　者

目　次

第1章 数と符号の表現

1.1 数体系

1.1.1 10進数と2進数，16進数

　われわれが日常使用している数は10進数である．ところが，コンピュータをはじめディジタルシステムでは2進数が使用される．したがって，人間のわかる言葉(10進数)をコンピュータに理解させるには，10進数を2進数に変換しなければならない．また，コンピュータの処理した内容を人間が理解するには，逆に2進数を10進数へ変換する必要がある．2進数の欠点は，数が大きくなるとすぐにけた数が増大し，10進数のように一見してその値を理解できないことである．したがって，上記の欠点をカバーし，10進数ほどではないが2進数よりは理解しやすい表現として，16進数または8進数が使用される．

　以下では，だれでも理解できる10進数の考え方を基準にして，16進数，8進数および2進数の取り扱い方を示す．10進数は，0～9までの10種類の記号を用いて数をカウントし，9を超えると0に戻ってけた上がりすることは周知のとおりである．これと同様に，ほかのn進数もどこまでが1けたで，どのようなときにけた上がりするかを考えればよい．すなわち，10進数は0～9までの10種類，16進数は0～9とアルファベットA，B，C，D，E，Fの16種類，8進数は0～7までの8種類，2進数は0と1の2種類の記号でカウントし，それぞれ9，F，7，1の次のカウントでけた上がりする．このように考えれば，たとえば，3進数は3種類，4進数は4種類の記号でカウントすればよいことになり，何進数でも10進数の場合と同様に直観的に理解することができる．各進数を0からカウントアップすると次のようになる．

10進数：$\underbrace{0, 1, 2, 3, 4, 5, 6, 7, 8, 9,}_{\text{10種類の記号 (1けた)}} \underset{\underset{\text{けた上がり}}{\uparrow}}{1} 0, 11, 12, 13, 14, 15, 16, \cdots$

16 進数：$\underbrace{0, 1, 2, 3, 4, 5, 6, 7, 8, 9, A, B, C, D, E, F}_{16 \text{種類の記号 (1 けた)}}, \underset{\underset{\text{けた上がり}}{\uparrow}}{1} 0, 11, 12, 13, 14, \cdots$

8 進数：$\underbrace{0, 1, 2, 3, 4, 5, 6, 7}_{8 \text{種類の記号 (1 けた)}}, \underset{\underset{\text{けた上がり}}{\uparrow}}{1} 0, 11, 12, 13, 14, 15, 16, \cdots$

2 進数：$\underbrace{0, 1}_{2 \text{種類の記号}}, \underset{\underset{\text{けた上がり}}{\uparrow}}{1} 0, 11, 100, 101, 110, 111, 1000, 1001, 1010, \cdots$

　これらの関係を表 1.1 に示す．コンピュータに 8 進数や 16 進数が用いられる理由は，表内の破線に示すように，2 進数の 3 けたがちょうど 8 進数の 1 けたに，2 進数の 4 けたが 16 進数の 1 けたに対応しているので，長いけた数の 2 進数は 8 進数または 16 進数の短いけた数で容易に表示できるからである．とくに，16 進数 A, B, C, D, E, F の 1 けたが，それぞれ 10 進数の 10, 11, 12, 13, 14, 15 に対応することを理解しておく必要がある．次に，各進数と 10 進数の関係を示す．

表 1.1　　各進数の相対関係

10 進数	2 進数	8 進数	16 進数
0	0	0	0
1	1	1	1
2	10	2	2
3	11	3	3
4	100	4	4
5	101	5	5
6	110	6	6
7	111	7	7
8	1000	10	8
9	1001	11	9
10	1010	12	A
11	1011	13	B
12	1100	14	C
13	1101	15	D
14	1110	16	E
15	1111	17	F

(1)　10 進数

　何進数でも，各けたの数は暗黙のうちに重み (weight) をもっており，重み付きの式に展開すると，10 進数 (decimal number) の場合は次式のように示される．このように示された式の右辺の数値は，左辺の n 進数に関係なくつねに 10 進数表示である．

$$(234.5)_{10} = \overset{\overset{\text{べき}}{\downarrow}}{2} \times 10^{\underset{\uparrow}{2}} + 3 \times 10^1 + 4 \times 10^0 + 5 \times 10^{-1} \qquad (1.1)$$

数字　基数

　上式より，左辺の数は，右辺の重みを省略して数字 (digit) のみを列記したものと見ることができる．重みの基準となるものを基数 (radix) または底 (base) とよぶ．10 進数は基数が 10，重みが 10 のべき乗 (exponent)，1 けたの数字を 10 種類の記号で表す数である．また，式 (1.1) の左辺の添え字は 10 進数であることを示している．

　r 進数の整数 N を一般式で表すと次式で与えられる．

$$(N)_r = d_n \cdot r^n + d_{n-1} \cdot r^{n-1} + \cdots + d_1 \cdot r^1 + d_0 \cdot r^0 \qquad (1.2)$$

同様に，r 進数の小数 N $(0 < N < 1)$ は次式で与えられる．

$$(N)_r = d_{-1} \cdot r^{-1} + d_{-2} \cdot r^{-2} + \cdots + d_{-n} \cdot r^{-n} \qquad (1.3)$$

(2)　16 進数，8 進数

　10 進数と同様に考えると，16 進数 (hexadecimal number) は基数が 16，重みが 16 のべき乗なので，これらを式 (1.2)，式 (1.3) に代入して，1 けたの数を 0～F の 16 種類の記号で，たとえば次式のように表す．

$$
\begin{aligned}
(A8D.C)_{16} &= A \times 16^2 + 8 \times 16^1 + D \times 16^0 + C \times 16^{-1} \\
&= 10 \times 16^2 + 8 \times 16^1 + 13 \times 16^0 + 12 \times 16^{-1} \\
&= (2701.75)_{10} \qquad (1.4)
\end{aligned}
$$

基数

　また，8 進数 (octal number) は，基数が 8，重みが 8 のべき乗なので，1 けたの数字を 0～7 の 8 種類の記号で，たとえば次式のように表す．

$$
\begin{aligned}
(345.6)_8 &= 3 \times 8^2 + 4 \times 8^1 + 5 \times 8^0 + 6 \times 8^{-1} \\
&= (229.75)_{10} \qquad (1.5)
\end{aligned}
$$

(3)　2 進数

　2 進数 (binary number) も同様に考えると，基数が 2，重みが 2 のべき乗で，1 けたを 0 と 1 の 2 種類の記号で，たとえば次式のように表す．

$$(1011.1)_2 = 1 \times 2^3 + 0 \times 2^2 + 1 \times 2^1 + 1 \times 2^0 + 1 \times 2^{-1}$$

$$= (11.5)_{10} \tag{1.6}$$

とくに 2 進数の 1 けたを **1 ビット** (bit：binary digit の略) および 8 ビットを **1 バイト** (byte：bite の綴りを変えた造語) とよび，情報を取り扱う単位として用いる．

$\boxed{1.1.2}$ 基数変換

10 進数を 16 進数や 2 進数に変換したり，またその逆変換を行ったりすることを**基数変換** (radix conversion) という．基数変換の方法は整数部と小数部で異なる．

(1) n 進数 → 10 進数 (整数部)

基数変換も，10 進数を基準に考えれば容易に理解することができる．前項で学んだように，10 進数を重み付きの式 (1.7) で表すと，これは式 (1.8) のように変形することができる．

$$(2345)_{10} = 2 \times 10^3 + 3 \times 10^2 + 4 \times 10^1 + 5 \times 10^0 \tag{1.7}$$

$$= ((2 \times 10 + 3) \times 10 + 4) \times 10 + 5 \tag{1.8}$$

式 (1.8) の右辺は，最上位けたの数字 2 に基数 10 を掛け，それに次の下位けたの数字 3 を加えるという手順を，最下位けたの数字 5 を加えるまで繰り返すことを示している．この手順は，ほかの n 進数についても同様である．すなわち，式 (1.2) と式 (1.3) で表される式の右辺はつねに 10 進数を表すので，左辺の n 進数を右辺の 10 進数へ変換するには，式 (1.8) の右辺と同様の手順で機械的に行えばよい．たとえば，16 進数，2 進数は次式のようになる．

$$(2A3C)_{16} = 2 \times 16^3 + A \times 16^2 + 3 \times 16^1 + C \times 16^0$$

$$= 2 \times 16^3 + 10 \times 16^2 + 3 \times 16^1 + 12 \times 16^0$$

$$= ((2 \times 16 + 10) \times 16 + 3) \times 16 + 12 \tag{1.9}$$

$$(1101)_2 = 1 \times 2^3 + 1 \times 2^2 + 0 \times 2^1 + 1 \times 2^0$$

$$= ((1 \times 2 + 1) \times 2 + 0) \times 2 + 1 \tag{1.10}$$

これらの変換手順を図 1.1(a), (b) に示す．

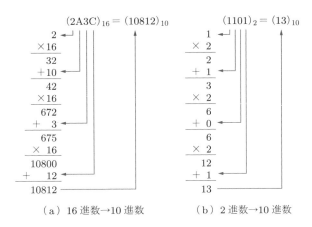

(a) 16 進数→10 進数　　　（b）2 進数→10 進数

図 1.1　n 進数から 10 進数への基数変換 (整数部)

例 題 1.1

$(1101101001111100)_2$ を 10 進数に変換せよ.

解 答　2 進数は一般にけた数が大きい. けた数が大きい場合の変換も図 1.1(b) と同様に行えるが, 演算回数が多くなるので面倒である. このような場合は, まず 16 進数に変換し, それを 10 進数へ変換するという 2 段階で行うとよい. 表 1.1 で示すように, 16 進数 1 けたは 2 進数 4 ビットに対応しているので, 小数点が最下位けたの右にあると仮定して, 下位けたから 4 ビットずつ区切り, それを 16 進数 1 けたに対応させて記述する.

$$(1101 \mid 1010 \mid 0111 \mid 1100)_2$$
$$= (\quad D \quad \mid \quad A \quad \mid \quad 7 \quad \mid \quad C \quad)_{16}$$

この 16 進数を, 図 1.1(a) の手順でさらに 10 進数に変換する.

$$(DA7C)_{16} = ((13 \times 16 + 10) \times 16 + 7) \times 16 + 12 = (55932)_{10}$$

また, 8 進数の 1 けたは 2 進数の 3 ビットに対応しているので, 2 進数の下位けたから 3 ビットずつ区切って次のように 8 進数に変換し, それを 10 進数に変換する方法もある.

$$(1 \mid 101 \mid 101 \mid 001 \mid 111 \mid 100)_2$$
$$= (1 \mid 5 \mid 5 \mid 1 \mid 7 \mid 4)_8$$
$$= ((((1 \times 8 + 5) \times 8 + 5) \times 8 + 1) \times 8 + 7) \times 8 + 4 = (55932)_{10}$$

(2)　n 進数→ 10 進数 (小数部)

　小数部は，式 (1.11) のように下位けたになるほどマイナスのべき乗が大きくなる．この式を変形すると，式 (1.12) のように，最下位けたから上位けたに向かって順に基数で割っていく形になる．

$$(0.654)_{10} = 6 \times 10^{-1} + 5 \times 10^{-2} + 4 \times 10^{-3} \tag{1.11}$$

$$= ((4 \times 10^{-1} + 5) \times 10^{-1} + 6) \times 10^{-1} \tag{1.12}$$

同様に，16 進数の場合は次式である．

$$(0.\text{B3C})_{16} = \text{B} \times 16^{-1} + 3 \times 16^{-2} + \text{C} \times 16^{-3}$$

$$= 11 \times 16^{-1} + 3 \times 16^{-2} + 12 \times 16^{-3}$$

$$= ((12 \times 16^{-1} + 3) \times 16^{-1} + 11) \times 16^{-1} \tag{1.13}$$

左辺の 16 進数は右辺の 10 進数なので，左辺の n 進数を 10 進数へ変換するには，式 (1.13) の右辺のとおりに行う．すなわち，最下位けたを基数 n で割り，それに次の上位けたの数字を加え，さらに基数で割るという手順を繰り返し，最後に基数で割ったところで止める．

例題 1.2　$(0.\text{C8})_{16}$ と $(0.101)_2$ を 10 進数に変換せよ．

解答　変換手順を図 1.2(a), (b) に示す．

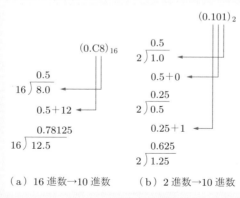

（a）16 進数→10 進数　　（b）2 進数→10 進数

図 1.2　n 進数から 10 進数への基数変換 (小数部)

$$(0.C8)_{16} = C \times 16^{-1} + 8 \times 16^{-2} = (8 \times 16^{-1} + 12) \times 16^{-1}$$
$$(0.101)_2 = 1 \times 2^{-1} + 0 \times 2^{-2} + 1 \times 2^{-3} = ((1 \times 2^{-1} + 0) \times 2^{-1} + 1) \times 2^{-1}$$

例 題 1.3 $(0.10111)_2$ を 16 進数と 8 進数に，$(0.C6)_{16}$ を 2 進数と 8 進数に変換せよ．

解答 小数点を基点にして 16 進数は 4 けた，8 進数は 3 けたずつとする．

(a) $(0.10111)_2$

2 進数 → 16 進数	2 進数 → 8 進数
追加 ↓	追加 ↓
$(0.\ \ 1011 \vdots 1\,000\ )_2,$	$(0.\ \ 101 \vdots 110\ )_2$
$(0.\ \ \ \ B\ \ \vdots\ \ \ 8\ \ )_{16},$	$(0.\ \ \ 5\ \ \vdots\ \ 6\ )_8$

(b) $(0.C6)_{16}$

16 進数 → 2 進数	2 進数 → 8 進数
	追加 ↓
$(0.\ \ C\ \ \ \ 6\ \ )_{16},$	$(0.\ \ 110 \vdots 001 \vdots 10\boxed{0}\ )_2$
$(0.\ \ 1100 \vdots 0110)_2,$	$(0.\ \ 6\ \ \vdots\ 1\ \vdots\ 4\ )_8$

(3) 10 進数 → n 進数 (整数部)

たとえば，16 進数と 10 進数の関係は，式 (1.9) で示したように次式の関係になる．

$$(2A3C)_{16} = ((2 \times 16 + 10) \times 16 + 3) \times 16 + 12 \tag{1.14}$$

この式の右辺は 10 進数なので，右辺から左辺の 16 進数を求めてみる．

　まず，この右辺の 10 進数を基数 16 で割ると，商と余り 12 (= C) が得られる．この商をさらに 16 で割ると余り 3 が得られる．この手順を商が 0 になるまで繰り返すと，下位けたから順に余りとして 16 進数の 1 けたが得られることがわかる．すなわち，10 進数を n 進数に変換するには，10 進数を n 進数の基数 n で割り算し，その余りを最下位けたから並べていけばよい．

<table>
<tr><td>例 題
1.4</td><td>$(2345)_{10}$ を 16 進数に，$(153)_{10}$ を 2 進数にそれぞれ変換せよ．</td></tr>
</table>

解 答 変換手順を図 1.3(a), (b) に示す．

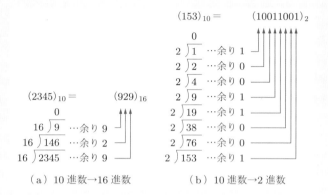

（a）10 進数→16 進数　　（b）10 進数→2 進数

図 1.3　　10 進数から n 進数への基数変換 (整数部)

<table>
<tr><td>例 題
1.5</td><td>$(2345)_{10}$ を 2 進数に変換せよ．</td></tr>
</table>

解 答 けた数の大きな 10 進数を 2 進数へ変換するとき，図 1.3(b) のように 2 で割っていくとたいへんである．このような場合は，まず図 1.3(a) の手順で 16 進数に変換し，その 16 進数 1 けたを 2 進数 4 ビットに変換するという 2 段階で行う．変換手順を図 1.4 に示す．

$$(2345)_{10} \longrightarrow \quad (\ 9\ \vert\ 2\ \vert\ 9\ )_{16}$$
$$(1001\ \vert\ 0010\ \vert\ 1001)_2$$

図 1.4　　10 進数→ 16 進数→ 2 進数への変換手順

　以上のことから，けた数の大きい 2 進数を 10 進数へ変換するには，まず 16 進数 (または 8 進数) に変換し，それを 10 進数に変換する．逆に 10 進数を 2 進数へ変換するには，まず 16 進数 (または 8 進数) に変換し，それを 2 進数に変換すればよいことがわかる．また，10 ビット以下のけた数の少ない場合の 2 進数は，各けたが 2 のべき乗の重みをもっているので，ビットが 1 であるところの重みを加えるだけで 10 進数が求められる．下に $(1101101101)_2$ の例を示す．

$$\begin{array}{ccccccccccc} 2^9 & 2^8 & 2^7 & & & \cdots & & & & 2^0 & \\ 512 & 256 & 128 & 64 & 32 & 16 & 8 & 4 & 2 & 1 & \\ (\ 1 & 1 & 0 & 1 & 1 & 0 & 1 & 1 & 0 & 1\ )_2 & = (877)_{10} \end{array}$$

(4) 10 進数 → n 進数 (小数部)

たとえば，16 進数と 10 進数の小数部の関係は，式 (1.13) で示したように次式の関係になる．

$$(0.\mathrm{B3C})_{16} = ((12 \times 16^{-1} + 3) \times 16^{-1} + 11) \times 16^{-1} \tag{1.15}$$

右辺の 10 進数を左辺の 16 進数に変換するには，まず右辺の 10 進数に変換したい基数 16 を掛けて整数部の 11 (= B) を得る．さらに，残りの小数部に基数を掛けて整数部を取り出すことを繰り返し，その整数部を上位けたから並べると，左辺の 16 進数が得られる．以上のように，10 進数の小数を n 進数の小数に変換するには，変換したい基数 n を掛けることによって得られた整数部を上位けたから並べていくと，左辺の n 進数が得られる．

| 例題 1.6 | $(0.857)_{10}$ を 16 進数，2 進数へ変換せよ． |

解答 変換手順を図 1.5(a), (b) に示す．

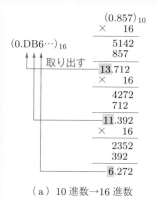
（a）10 進数 → 16 進数

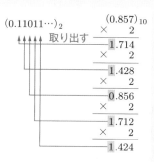
（b）10 進数 → 2 進数

図 1.5　10 進数から n 進数への基数変換 (小数部)

1.1.3 2進数，16進数の加減算

10進数の加算 (addition) の和 (sum) が10でけた上がり (carry) するのと同様に，ほかのn進数もその和が基数nでけた上がりする．また，10進数の減算 (subtraction) において引けない場合は，上位けたから10を借りる (borrow) のと同様に，n進数も上位けたから基数nを借りる．すなわち，何進数でも基数でけた上がりや借りが生じるのである．図1.6に2進数と16進数の1けたの加減算を，また，図1.7に複数けたの加減算を示す．

$$0+0=0$$
$$0+1=1$$
$$1+0=1$$
$$1+1=0 \text{ とけた上がり } 1$$

$$A+3=D$$
$$6+4=A$$
$$F+D=C \text{ とけた上がり } 1$$
$$B+C=7 \text{ とけた上がり } 1$$

$$A-3=7$$
$$C-2=A$$
$$F-1=E$$
$$1-B=6 \text{ と借り } 1$$

（a）2進数の加算 　　（b）16進数の加算 　　（c）16進数の減算

図1.6　1けたの加減算

$$\begin{array}{r} 100101 \\ +) \ 001111 \\ \hline 110100 \end{array}$$

$$\begin{array}{r} A3F \\ +) \ 5C2 \\ \hline 1001 \end{array}$$

$$\begin{array}{r} 100101 \\ -) \ 001111 \\ \hline 10110 \end{array}$$

$$\begin{array}{r} A3F \\ -) \ 5C2 \\ \hline 47D \end{array}$$

（a）2進数の加算 　（b）16進数の加算 　（c）2進数の減算 　（d）16進数の減算

図1.7　複数けたの加減算

1.1.4 補数加算

(1) 補数

補数 (complement) とは補い合う数のことで，互いを加算すると和が基数になる（または，足し合わせると0になる）ものである．図1.8に，1けたと3けたの場合の10の補数 (10's complement) を示す．ある数の補数は，その数を最大の数から引いて得られた差に$+1$することによって求められる．たとえば，10の補数は，図1.9に示すように，最大の数9または999からの差に$+1$する．同様の考え方で2の補数 (2's complement) と16の補数 (16's complement) が求められる．

$$\begin{array}{r} 7 \\ +) \ 3 \\ \hline 10 \end{array}$$ 互いに10の補数

$$\begin{array}{r} 438 \\ +) \ 562 \\ \hline 1000 \end{array}$$ 互いに10の補数

（a）1けたの場合 　　（b）3けたの場合

図1.8　10の補数

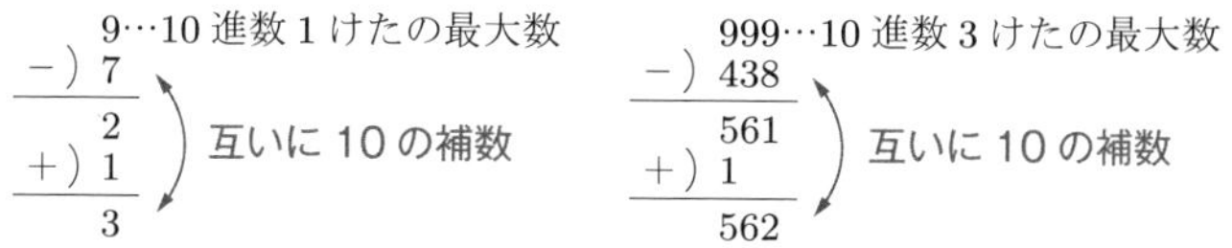

$$
\begin{array}{r}
9\cdots\text{10 進数 1 けたの最大数}\\
-)\ 7\\
\hline
2\\
+)\ 1\\
\hline
3
\end{array}
\left.\vphantom{\begin{array}{c}1\\2\\3\end{array}}\right\}\ \text{互いに 10 の補数}
\qquad
\begin{array}{r}
999\cdots\text{10 進数 3 けたの最大数}\\
-)\ 438\\
\hline
561\\
+)\ 1\\
\hline
562
\end{array}
\left.\vphantom{\begin{array}{c}1\\2\\3\end{array}}\right\}\ \text{互いに 10 の補数}
$$

（ a ）1 けたの場合　　　　　　（ b ）3 けたの場合

図 1.9　　補数の求め方 (10 の補数)

例 題 1.7	$(01011101)_2$ の 2 の補数および $(1C8)_{16}$ の 16 の補数を求めよ.

解 答　図 1.10 において，2 進数 8 ビットと 16 進数 3 けたの最大の数は，それぞれ $(11111111)_2$，$(FFF)_{16}$ である．これらから補数を求めたい数を引いて，その差に $+1$ する．

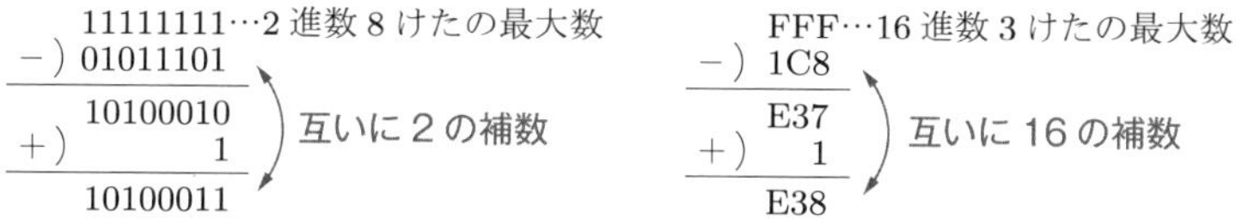

$$
\begin{array}{r}
11111111\cdots\text{2 進数 8 けたの最大数}\\
-)\ 01011101\\
\hline
10100010\\
+)\ \qquad 1\\
\hline
10100011
\end{array}
\left.\vphantom{\begin{array}{c}1\\2\\3\end{array}}\right\}\ \text{互いに 2 の補数}
\qquad
\begin{array}{r}
FFF\cdots\text{16 進数 3 けたの最大数}\\
-)\ 1C8\\
\hline
E37\\
+)\ \ 1\\
\hline
E38
\end{array}
\left.\vphantom{\begin{array}{c}1\\2\\3\end{array}}\right\}\ \text{互いに 16 の補数}
$$

（ a ）2 の補数　　　　　　（ b ）16 の補数

図 1.10　　2 の補数と 16 の補数の求め方

　また，2 の補数は，次のようにすると簡単に求められる．すなわち，2 進数においては，最大の数から引くことが補数を求めたい数を反転させることに相当するので，その数を反転させてその結果に $+1$ すると 2 の補数が求められる．2 進数を反転させて得られる数のことを 1 の補数 (1's complement) という.

例 題 1.8	$(01011101)_2$ の 1 の補数と 2 の補数を求めよ.

解 答　図 1.11 に手順を示す.

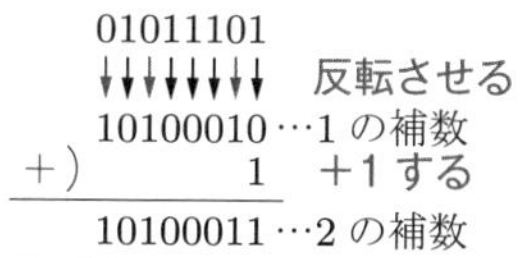

$$
\begin{array}{r}
01011101\\
\downarrow\downarrow\downarrow\downarrow\downarrow\downarrow\downarrow\downarrow\quad \text{反転させる}\\
10100010\cdots\text{1 の補数}\\
+)\ \qquad 1\quad +1\text{する}\\
\hline
10100011\cdots\text{2 の補数}
\end{array}
$$

図 1.11　　1 の補数と 2 の補数

(2) 補数加算

　一般に，コンピュータは減算を補数加算 (complement addition) で行う．補数加算とは，減算を加算で行う方法で，たとえば減算の $X - Y$ は加算の $X + (-Y)$ に変形される．すなわち，減算は減数 Y の補数 ($+Y$ の補数は $-Y$) を被減数 X に加えればよい．10 進数を例にして，この手順を図 1.12 に示す．

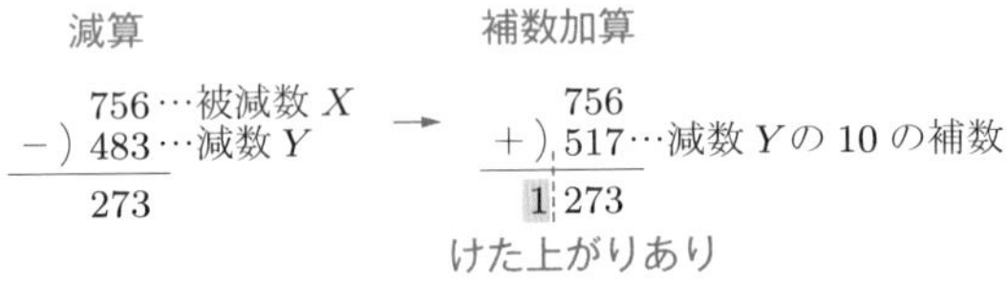

　　減算　　　　　　　　補数加算

```
    756…被減数 X          756
 −) 483…減数 Y       →   +),517…減数 Y の 10 の補数
    273                 1:273
                       けた上がりあり
```

図 1.12　　10 進数の補数加算

　補数加算の結果は，和にけた上がりがある場合 (図 1.12) は正答であるが，けた上がりがない場合は負数になっているので，補数の形で得られている．この場合は，図 1.13 に示すように，もう一度補数をとって負符号を付ける．これを再補数 (re-complementing) という．また，16 進数の補数加算を図 1.14 に示す．

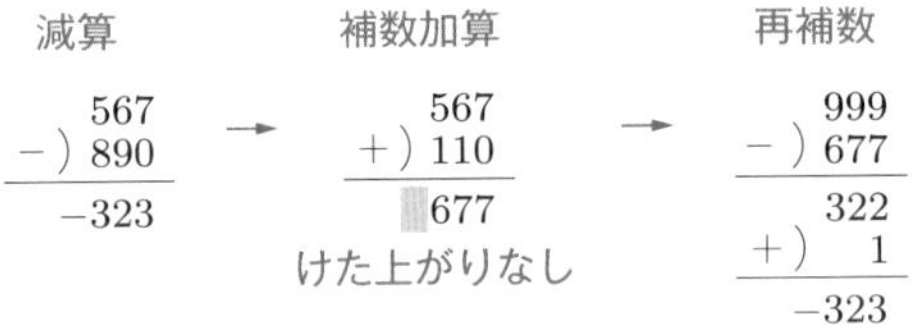

　　減算　　　　　　補数加算　　　　　再補数

```
    567           567           999
 −) 890       →  +) 110     →  −) 677
   −323           677           322
              けた上がりなし   +)   1
                              −323
```

図 1.13　　再補数 (負数)

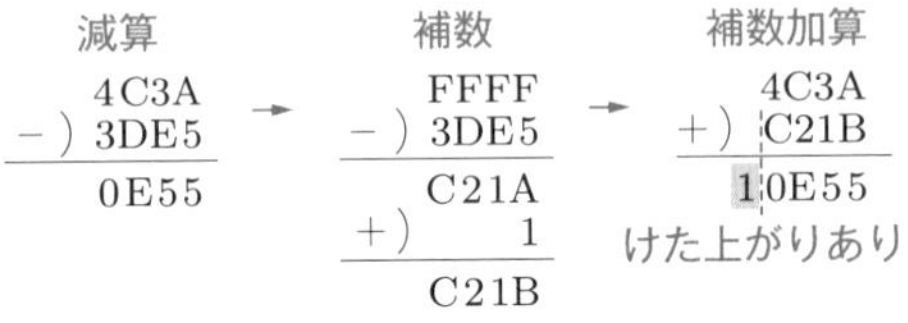

　　減算　　　　　　補数　　　　　補数加算

```
   4C3A          FFFF          4C3A
 −) 3DE5     → −) 3DE5    →  +):C21B
   0E55          C21A         1:0E55
             +)     1       けた上がりあり
                 C21B
```

図 1.14　　16 進数の補数加算

(3) 負数は 2 の補数表示

　負数を表す方式には，符号部 (sign part) と数値部 (numeric part) を別々に示す絶対値表示方式と，負数を補数で示す補数表示方式がある．前者は，われわれが日常の計算に使用している方式だが，コンピュータで使用されるのは負数を 2 の補数で表す補数表示方式である．負数をこのように表すと，符号部と数値部を同時に加

算することができるので，演算速度が高速になるという利点がある．補数表示方式
では最上位ビットが符号部で，その値が 0 のときはプラス，1 のときはマイナスの
数値を表す．4 ビットの場合の補数表示方式の例を表 1.2 に示す．この例では数値
部が 3 ビットしかないので，10 進数の −8 から +7 までの数値しか表現できない．
プラス数値は，符号を含めた 4 ビットの 2 進数値そのもので，マイナスの数値は，
符号も含めて 2 の補数になっている．たとえば，1 011 (−5) は 0 101 (+5) の 2 の
補数である．マイナスの数値は一見わかりにくいが，符号部が 1 のときはマイナス
なので，2 の補数をとると数の値がわかる．または，0 の重みを加算して +1 しても
よい．2 の補数は，反転させた 1 の重みを +1 して求めるので，反転させる前の 0
の重みを加算して +1 すればよい．たとえば，1 1101101 は符号部が 1 なのでマイ
ナス，0 の重みが 18 なので +1 して −19 となる．

表 1.2　2 の補数表示 (4 ビット)

10 進表示	符号部	数値部		
+7	0	1	1	1
+6	0	1	1	0
+5	0	1	0	1
+4	0	1	0	0
+3	0	0	1	1
+2	0	0	1	0
+1	0	0	0	1
0	0	0	0	0
−1	1	1	1	1
−2	1	1	1	0
−3	1	1	0	1
−4	1	1	0	0
−5	1	0	1	1
−6	1	0	1	0
−7	1	0	0	1
−8	1	0	0	0

　負数を 2 の補数で表したときの加算を図 1.15 に示す．補数表示方式は数値部だ
けでなく，符号部もいっしょに加算する．たとえば，図 1.15(b) において，(+5) +
(−2) は，(0101) + (1110) = (0011) となり，結果の符号部が 0 なので +，数値部が
011 となり 1 の重みの 3 となる．符号部からのけた上がり (緑色の網かけ 1) は，符号
部の外なので数値としては無意味である．また，図 1.15(d) において，(−3) + (+2)
は，(1101) + (0010) = (1111) となり，符号部が 1 のマイナスで，0 の重みが 0 な

$$
\begin{array}{rr}
+5 & \mathbf{0101} \\
+)\ +2 & +)\ \mathbf{0010} \\
\hline
+7 & \mathbf{0111}
\end{array}
\qquad
\begin{array}{rr}
+5 & \mathbf{0101} \\
+)\ -2 & +)\ \mathbf{1110} \\
\hline
+3 & 1\,\mathbf{0011}
\end{array}
$$

（a）　　　　　　　　　（b）

$$
\begin{array}{rr}
-3 & \mathbf{1101} \\
+)\ -2 & +)\ \mathbf{1110} \\
\hline
-5 & 1\,\mathbf{1011}
\end{array}
\qquad
\begin{array}{rr}
-3 & \mathbf{1101} \\
+)\ +2 & +)\ \mathbf{0010} \\
\hline
-1 & \mathbf{1111}
\end{array}
$$

（c）　　　　　　　　　（d）

図 1.15　　符号付き 2 進数の加算 (4 ビット)

ので，+1 して数値が 1，すなわち −1 となる．

　コンピュータは減算を補数加算で行う．この場合の例を図 1.16 に示す．図 1.16 (a) において，(+5) − (+2) の減算は減数 (+2) の補数 (−2) をとって加算するので，(+5) + (−2) となり，(0101) + (1110) = (0011) の +3 を得る．図 1.16(b), (c), (d) も同様に，まず負数は 2 の補数で表し，減算においては減数の正負にかかわらず減数の 2 の補数をとって加えればよい．なお，加減算の結果として得られる符号部からのけた上がりは演算結果に無関係で，**オーバフロー** (overflow；けたあふれ) の検出に用いられる．図 1.16 の例では 4 ビットの演算なので，数値は 10 進数の −8 から +7 の範囲しか表すことができない．演算結果がこの範囲を超えることもあり，この場合をオーバフローという．このオーバフローについては後述 (4.3.5 項) する．

減算　　　　補数加算　　　　　　　減算　　　　補数加算

$$
\begin{array}{rr}
+5 & \mathbf{0101} \\
-)\ +2 & +)\ \mathbf{1110} \\
\hline
+3 & 1\,\mathbf{0011}
\end{array}
\qquad
\begin{array}{rr}
+5 & \mathbf{0101} \\
-)\ -2 & +)\ \mathbf{0010} \\
\hline
+7 & \mathbf{0111}
\end{array}
$$

（a）　　　　　　　　　（b）

$$
\begin{array}{rr}
-3 & \mathbf{1101} \\
-)\ -2 & +)\ \mathbf{0010} \\
\hline
-1 & \mathbf{1111}
\end{array}
\qquad
\begin{array}{rr}
-3 & \mathbf{1101} \\
-)\ +2 & +)\ \mathbf{1110} \\
\hline
-5 & 1\,\mathbf{1011}
\end{array}
$$

（c）　　　　　　　　　（d）

図 1.16　　符号付き 2 進数の補数加算 (4 ビット)

1.2 符号体系

1.2.1 符号

コンピュータは 0 と 1 で表された 2 進数の符号 (code) しか理解できないので, 人間のわかる数字や文字の入出力においては, それらを 0 と 1 の符号に変換 (符号化), または逆変換 (復号化) しなければならない. 10 進数 1 けたを 2 進符号として表した各種符号を表 1.3 に示す.

表 1.3　10 進数 1 けたを表示する各種符号

10 進数	BCD (8421) 符号	3 余り符号	グレイ符号	2421 符号	2 out of 5 符号
0	0 0 0 0	0 0 1 1	0 0 0 0	0 0 0 0	1 1 0 0 0
1	0 0 0 1	0 1 0 0	0 0 0 1	0 0 0 1	0 0 0 1 1
2	0 0 1 0	0 1 0 1	0 0 1 1	0 0 1 0	0 0 1 0 1
3	0 0 1 1	0 1 1 0	0 0 1 0	0 0 1 1	0 0 1 1 0
4	0 1 0 0	0 1 1 1	0 1 1 0	0 1 0 0	0 1 0 0 1
5	0 1 0 1	1 0 0 0	0 1 1 1	1 0 1 1	0 1 0 1 0
6	0 1 1 0	1 0 0 1	0 1 0 1	1 1 0 0	0 1 1 0 0
7	0 1 1 1	1 0 1 0	0 1 0 0	1 1 0 1	1 0 0 0 1
8	1 0 0 0	1 0 1 1	1 1 0 0	1 1 1 0	1 0 0 1 0
9	1 0 0 1	1 1 0 0	1 1 0 1	1 1 1 1	1 0 1 0 0

(1) BCD 符号

BCD 符号 (binary coded decimal code) は, 10 進数 1 けたの数 (0〜9) に対して, 2 進数の 4 ビット (0000〜1001) をそのまま符号として対応させた重み付き符号で 2 進化 10 進数という. これは, 符号の各けたの重みとして, 2 進数そのものの重みである 8421 が付いているので, 8421 符号ともいう. 10 進数と BCD 符号の関係は次のようになる.

$$(\ 2 \ | \ 3 \ | \ 4 \ )_{10}$$
$$(0010 \ | \ 0011 \ | \ 0100)_{BCD}$$

4 ビットで表すことのできる残りの六つの符号 (1010〜1111, 10 進数の 10〜15) は, BCD 符号としては使用しない. このような符号を冗長符号 (redundancy code) またはドントケア符号 (don't care code) という.

BCD 符号を用いた加算の例を図 1.17 に示し, 手順をまとめる.

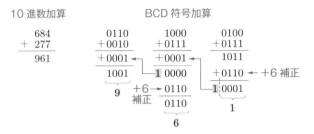

図 1.17　BCD 符号加算

1. BCD 1 けた (4 ビット) だけの加算を行い，和が 10 進数の 9 以下かどうか，または けた上がりがあったかどうかを判断する．

2. 次の BCD 符号へのけた上がりがなくて，かつ和が 9 以下ならば BCD 符号として正答である．

3. けた上がりがなくて和が 10 以上ならば，冗長符号 (10~15) になっているので 9 以下の BCD 符号になるように +6 補正を行って，次の BCD 符号へ +1 のけた上がりを行う．図 1.17 の 1 けた目の加算は $4 + 7 = (11)_{10} = (1{\vdots}0001)_{BCD}$ でなければならない．和は $(1011)_2$ となり，0~9 $(0000~1001)$ の BCD 符号ではない．このような場合は，$(1011)_2 + (0110)_2 = (1{\vdots}0001)_{BCD}$ のように +6 補正して BCD 符号に変換する．

4. 加算の結果，けた上がりがあって，かつ和が 9 以下の場合は，明らかに BCD 符号ではないので +6 補正を行う．図 1.17 の 2 けた目が，この場合である．

5. 以上の手順を，BCD 符号 4 ビットごとに最上位けたまで繰り返す．

(2)　3 余り符号

表 1.3 の 3 余り符号 (excess 3 code) は，BCD 符号を +3 した符号である．これは，必ず各符号に 1 が一つ以上含まれるので，オール 0 の符号を情報が存在しないことの表示に利用できる特徴がある．この符号は，0 と 1 を反転させることにより 9 の補数 (足し合わせると 9) になる．これを自己補数符号 (self complementing code) という．この符号の加算は，3 余り符号 1 けた分の加算結果が BCD 符号 +6 になっているので，3 余り符号にするにはさらに −3 しなければならない．けた上がりの処理においてもこのことに注意する必要がある．

(3) グレイ符号

表 1.3 のグレイ符号 (Gray code) は交番 2 進符号ともいい，非重み付きの符号である．この符号の特徴は，数が 1 だけ異なる数字，すなわち隣接する二つの数字 (たとえば 1 と 2 や 3 と 4) を符号化したとき，それらの符号が互いに 1 ビットだけ異なることである．これは，論理回路の簡単化におけるカルノー図の符号としてもよく用いられる．この符号は，表 1.4 に示すように破線のところで対応するビット数だけ上下対称 (交番) にして，小さいほうの数値の上位ビットに 0，大きいほうの数値の上位ビットに 1 を付記することによって機械的に作ることができる．また，図 1.18(a) のように 2 進数から直接作ることもできる．この手順は，最上位ビットはそのままで，それ以降のビットについては排他的論理和 (第 2 章参照) をとることによって変換する (例題 4.13 参照)．また，逆変換は図 1.18(b) のように行う．

表 1.4　グレイ符号

10 進数	グレイ符号			
0	0	0	0	0
1	0	0	0	1
2	0	0	1	1
3	0	0	1	0
4	0	1	1	0
5	0	1	1	1
6	0	1	0	1
7	0	1	0	0
8	1	1	0	0
9	1	1	0	1
10	1	1	1	1
11	1	1	1	0
12	1	0	1	0
13	1	0	1	1
14	1	0	0	1
15	1	0	0	0

（a）2 進数→グレイ符号　　　　　（b）グレイ符号→2 進数

図 1.18　2 進数とグレイ符号の変換

(4) その他の符号

　その他の符号には，自己補数が9の重み付き **2421 符号**，重みが74210で各符号中につねに2個の1が存在する **2 out of 5 符号**などがある．

1.2.2 符号の誤り検出

(1) パリティチェック

　2進符号は，伝送過程における雑音などの影響によって0が1に，また1が0に誤ることがある．この誤りを検出するために，送信側では誤り検出用のパリティビットとよばれる1ビット情報を付加した符号を伝送し，受信側ではこの符号の構造を確認するという作業を行う．これをパリティチェック (parity check) または奇偶検査といい，単一ビット誤りの検出に有効である．この検査には奇数パリティと偶数パリティがあり，計算機システムによって，いずれかに統一して使用する．図1.19に，**JIS7 単位符号**で表した文字データ "1983ABCZ" に奇数パリティを使用したときの例を示す．JIS7 単位符号とは，基本的な外部符号 (英数字，+− などの特殊文字，改行などの制御信号) を，2進数7ビットで表される128種類の内部符号に変換する符号である．7ビットのデータビットと1ビットのパリティチェックビットからなる1バイトのデータを伝送するときに，1符号中の1の個数を垂直方向にカウントし，パリティビットも含めて奇数個になるように，図の垂直パリティビットの箇所に1または0を付加する．図1.19において，たとえば伝送したい数字が "1"

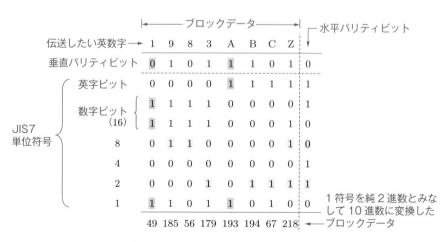

図 1.19　パリティチェック (奇数パリティ)

の場合，送信側では，JIS7 単位符号中に 1 の個数が 3 個 (奇数) なので，垂直パリティビットに 0 を付加する．また，英字 "A" の場合は，1 の個数が 2 個 (偶数) なので 1 を付加する．受信側では，1 符号ごとに 1 の個数をカウントして，奇数個であれば正しく，偶数個であれば誤りがあったとして，その旨を送信側に知らせる．この方式は，伝送中のエラーが 2 ビット生じたときの誤り検出は不可能だが，もっとも簡単な方法なのでよく用いられる．また，図 1.19 のようにブロックデータの最後に，水平方向にパリティビットを付加する場合もある．この場合は，垂直パリティビットで検出できなかった 2 ビットエラーをブロック単位で検出することができる．

(2) チェックサム方式

　水平パリティビットの代わりに，ブロックデータの最後に 1 符号分のチェックコードを付加する方法である．送信側では，1 符号を純 2 進数とみなしてすべての符号を加算し，最後に得られた総和の上位ビットは無視して，下位 8 ビットだけの 2 の補数をとり，これをチェックサムコード (check sum code) としてブロックデータの最後に付加して伝送する．

　たとえば，図 1.19 に示したデータを 1 ブロックデータとしたときのチェックサムコードは，以下のようになる．

$$49 + 185 + 56 + 179 + 193 + 194 + 67 + 218$$
$$= (1141)_{10} = (475)_{16}$$
$$= (\underbrace{0000010001110101})_{2} \quad \leftarrow \text{1 符号を純 2 進数とみなして} \\ \text{加算した結果}$$
$$\downarrow$$
$$10001011 \quad \leftarrow \text{下位 8 ビットの 2 の補数をとる} \\ \text{チェックサムコード}$$

　チェックサム方式において，受信側では，すべての符号を純 2 進数として加算し，得られた総和の下位 8 ビットに最後のチェックサムコードを加えたときに結果がオール 0 であれば，1 ブロックの伝送エラーはなかったと判断する．上の場合は，受信側で加算した結果の下位 8 ビットが $(01110101)_{2}$ で，最後に受信したチェックサムコードが $(10001011)_{2}$ なので，これらを加算すると $(00000000)_{2}$ となり，エラーなしと判断する．なお，チェックサムコードは，下位 8 ビットでなく 16 ビットすべてを使用してもよい．

本章のまとめ

1. 人間が日常使用している数は 10 進数だが、コンピュータの理解できる数は 2 進数である。したがって、数をコンピュータで扱うには、10 進数を 2 進数に変換したり、その逆の変換をしたりする必要がある。

2. 符号付き 2 進数は、最上位ビットが符号部、残りのビットが数値部である。負数は 2 の補数で表される。加減算は、符号部も含めて一括処理される。

3. 人間の理解しやすい 10 進数をコンピュータの理解できる 2 進数に変換することを符号化、その逆の変換を復号化という。各種符号には表 1.3 のようなものがある。

4. 伝送過程における 2 進符号の誤りを検出する方法としては、パリティチェックが有効である。また、比較的大きなブロックデータの伝送誤りを検出する方法としては、チェックサム方式が有効である。

演習問題

1.1 10 進数に変換するために、次式を重み付きの式に展開せよ。

(1) $(7F5D)_{16} = ($ 　　 $)_{10}$　　(2) $(11010110)_2 = ($ 　　 $)_{10}$

(3) $(3456)_8 = ($ 　　 $)_{10}$

1.2 基数変換して表 1.5 の空欄を埋めよ。また、それぞれの変換手順を示せ。

表 1.5

10 進数	8 進数	16 進数	2 進数
273			
	234		
		4AC7	
			1101101011

1.3 基数変換して表 1.6 の空欄を埋めよ。また、それぞれの変換手順を示せ。

表 1.6

10 進数	8 進数	16 進数	2 進数
0.543			
	0.457		
		0.6CF	
			0.11011

1.4 次式を基数変換せよ。

(1) $(23.45)_{10} = ($ 　　 $)_{16} = ($ 　　 $)_2$

(2) $(23.45)_8 = ($ 　 $)_{16} = ($ 　 $)_2$

(3) $(3AC.8B)_{16} = ($ 　 $)_2 = ($ 　 $)_{10}$

(4) $(1101011110111101)_2 = ($ 　 $)_{16} = ($ 　 $)_{10}$

1.5 次式について，符号無し加減算を行え．

(1) $(1011011)_2 + (0110110)_2$ 　　 (2) $(1011011)_2 - (0110110)_2$

(3) $(345)_{16} + (AB7)_{16}$ 　　 (4) $(B77)_{16} - (3CA)_{16}$

(5) $(536)_8 - (447)_8$ 　　 (6) $(3A8)_{16} - (2C9)_{16}$

1.6 次の問いに答えよ．

(1) 1011011, 0110110 の 1 の補数および 2 の補数を求めよ．

(2) $(123)_{10}$ の 10 の補数，$(234)_8$ の 8 の補数，$(234)_9$ の 9 の補数，$(5A3F)_{16}$ の 16 の補数を求めよ．

(3) 符号付き 2 進数 8 ビット，および符号無し 2 進数 8 ビットで表すことのできる数の範囲は，それぞれ 10 進数でいくらか．また，それらを 16 進数で表せ．

1.7 次式を補数加算せよ．

(1) $\begin{array}{r} 11010111 \\ -)\ 00110101 \end{array}$ 　　 (2) $\begin{array}{r} 01011110 \\ -)\ 01001001 \end{array}$ 　　 (3) $\begin{array}{r} 01101000 \\ -)\ 01111000 \end{array}$

(4) $\begin{array}{r} 10000011 \\ -)\ 11111000 \end{array}$ 　　 (5) $\begin{array}{r} 5B6A \\ -)\ 67BD \end{array}$ 　　 (6) $\begin{array}{r} E635 \\ -)\ 4CA8 \end{array}$

(7) $\begin{array}{r} A6FD \\ -)\ 77FE \end{array}$ 　　 (8) $\begin{array}{r} 6CCE \\ -)\ BC3F \end{array}$

1.8 前問の答えを検算せよ．ただし，前問は $a - b = c$ なので，検算は $c + b = a$ を確かめること．

1.9 符号付き 2 進数の 001100 から 16 進数の 16 を引く (補数加算) と，10 進数でいくらか．

1.10 次の問いに答えよ．

(1) 2 進数 8 ビット 10110110, 10101110 をそれぞれグレイ符号に変換せよ．

(2) 8 ビットのグレイ符号 10110110, 10101110 を 2 進数に変換せよ．

(3) 2 進数 8 ビット 10110110 を BCD 符号，3 余り符号にそれぞれ変換せよ．

(4) 図 1.19 は奇数パリティチェックを示しているが，これを偶数パリティチェックとしたときの各符号を求め，16 進数と 10 進数で示せ．

(5) (4) の場合の符号に 8 ビットのチェックサム方式を適用したときの，チェックサムコードを求めよ．

第2章

論理関数

2.1 基本論理演算

2.1.1 集合論とベン図

集合 (set) とは，物の集まりのことである．一つまたは複数の集合に種々の演算を施して，物がある集合に属するか属さないかということについて論じるのが集合論 (set theory) である．ある集合に属する個々の物を要素 (element) という．

要素 a が集合 A に属するとき，次のように表す．

$$a \in A \tag{2.1}$$

集合は，たとえば，次のように表す．

$$A = \{a \mid \text{サイコロの目}\} \tag{2.2}$$

| の右側は要素 a の条件を示しており，式 (2.2) では，集合 A がサイコロの目 1, 2, 3, 4, 5, 6 の集まりであることを表している．

また，もう一つの表し方として，要素をすべて明示する方法がある．たとえば，式 (2.2) は式 (2.3) のように表す．

$$A = \{1, 2, 3, 4, 5, 6\} \tag{2.3}$$

要素および複数の集合 A や B をすべて含むような母体となる集合を全体集合 (universal set) といい，記号 U や I で表す．記号 U は和集合の記号 $\cup$ とまぎらわしいので，ここでは I を用いる．このときの A または B の要素は，すべて I に含まれるので，A, B は I の部分集合 (subset) であるという．また，要素のない集合も一つの集合と考え，これを空集合 (empty set) といい，記号 $\varnothing$ で表す．集合論では，これらの関係を直観的に理解するために，図 2.1 のように全体集合を矩形で，部分集合を円で表す．このような図をベン図 (Venn diagram) という．

全体集合 I の部分集合である A や B に演算を施して得られる新たな集合を，和集合 (sum set)，積集合 (product set)，補集合 (complement set) とよぶ．

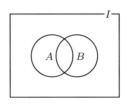

図 2.1　ベン図

- 和集合：A または B のいずれか，あるいは両方に属する要素の集合で，$A \cup B$ と表す.
- 積集合：A と B の両方 (共通要素部) に属する要素の集合で，$A \cap B$ と表す.
- 補集合：A に属さない要素の集合，すなわち A の否定をとった集合で，$\widetilde{A}$ と表す. また，全体集合の補集合は空集合で，空集合の補集合は全体集合である.

これらをベン図で示すと，図 2.2 のようになる.

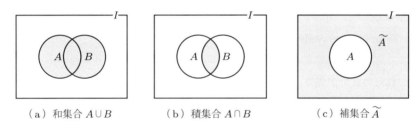

（a）和集合 $A \cup B$　　　（b）積集合 $A \cap B$　　　（c）補集合 $\widetilde{A}$

図 2.2　和集合，積集合，補集合のベン図

全体集合 I の部分集合を A, B, C とするとき，次の式群が成り立つ.

- べき等則
$$\left.\begin{array}{l} A \cup A = A \\ A \cap A = A \end{array}\right\} \tag{2.4}$$

- 交換則
$$\left.\begin{array}{l} A \cup B = B \cup A \\ A \cap B = B \cap A \end{array}\right\} \tag{2.5}$$

- 結合則
$$\left.\begin{array}{l} (A \cup B) \cup C = A \cup (B \cup C) \\ (A \cap B) \cap C = A \cap (B \cap C) \end{array}\right\} \tag{2.6}$$

- 分配則
$$\left.\begin{array}{l} A \cap (B \cup C) = (A \cap B) \cup (A \cap C) \\ A \cup (B \cap C) = (A \cup B) \cap (A \cup C) \end{array}\right\} \tag{2.7}$$

- 吸収則
$$\left.\begin{array}{l} A \cap (A \cup B) = A \\ A \cup (A \cap B) = A \end{array}\right\} \tag{2.8}$$

- その他

$$A \cup I = I \atop A \cap \varnothing = \varnothing \Bigg\} \tag{2.9}$$

$$A \cup \varnothing = A \atop A \cap I = A \Bigg\} \tag{2.10}$$

$$A \cup \widetilde{A} = I \atop A \cap \widetilde{A} = \varnothing \Bigg\} \tag{2.11}$$

$$\widetilde{\varnothing} = I \atop \widetilde{I} = \varnothing \Bigg\} \tag{2.12}$$

- 補集合の補集合　$\widetilde{\widetilde{A}} = A$ （2.13）

- ド・モルガンの定理 (De Morgan's law)　$\widetilde{A \cup B} = \widetilde{A} \cap \widetilde{B} \atop \widetilde{A \cap B} = \widetilde{A} \cup \widetilde{B} \Bigg\}$ （2.14）

　上の式群において，薄い緑色の網かけの五つの式は後述のブール代数の理解に直結するので，ベン図 (図 2.2(c)) で直観的に確実に覚えること.

　これらの式群は対 (pair) になっており，一方の式が成立するとき，その式の $\cup$ と $\cap$，I と $\varnothing$ を互いに入れ替えると他方の式が得られる.この性質を双対性 (duality) という.これらの式群が成り立つことは，ベン図を用いて容易に証明することができる.

例 題 2.1　分配則 $A \cap (B \cup C) = (A \cap B) \cup (A \cap C)$ をベン図で証明せよ.

解 答　図 2.3 にベン図を示す.左辺は，B と C の和集合の結果 (薄い緑色の網かけ) と A (やや濃い緑色の網かけ) の共通要素部なので，青色の網かけの領域である.また，右辺は A と B および A と C の積集合の結果を和集合したものである.演算順序は通常の計算と同様に括弧 ( )，積集合，和集合の順である.

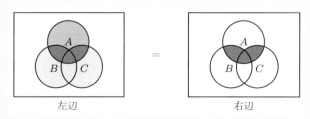

左辺　　　　　　　　　　　　右辺

図 2.3　分配則の証明

| 例 題 2.2 | ド・モルガンの定理 $\widetilde{A \cup B} = \widetilde{A} \cap \widetilde{B}$ をベン図で証明せよ. |

解 答　ド・モルガンの定理は，和集合または積集合の補集合をとることによって，和集合を積集合の演算に，積集合を和集合の演算にそれぞれ変換する重要な公式である．ベン図を図 2.4 に示す．

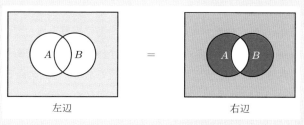

図 2.4　ド・モルガンの定理

| 例 題 2.3 | 次式をベン図で示し，数学的な意味を述べよ． |

(1)　$A \cup A = A$　　(2)　$A \cap A = A$　　(3)　$A \cup I = I$　　(4)　$A \cap I = A$

(5)　$A \cup \widetilde{A} = I$　　(6)　$A \cap \widetilde{A} = \varnothing$

解 答

(1), (2)：同じ部分集合の和集合と積集合は A の要素が同じ物なので，いくつあっても一つの集合である．この概念の直観的理解は重要である．

$$A \cup A \cup \cdots \cup A = A, \qquad A \cap A \cap \cdots \cap A = A$$

(3), (4)：小さい部分集合 B のすべての要素が大きい部分集合 A に含まれるとき，真の部分集合 (図 2.5) といい，和集合 $A \cup I$ は大きいほうの部分集合 (この場合は I) に吸収される (重要)．また，積集合 $A \cap I$ は共通要素のみの集合なので，小さいほうの部分集合 (この場合は A) になる．

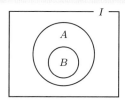

（a）真の部分集合（$A \cup B = A$, $A \cup B \cup I = I$）

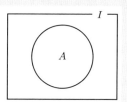

（b）$A \cup I = I$

図 2.5　真の部分集合の例

(5), (6)：部分集合 A とその補集合の演算は，和集合では全体集合になる．積集合では共通要素がないので空集合になる．図 2.2(c) のベン図を参照．

2.1.2 命題論理と真理値表

命題 (statement) とは，意味のある文章において，それが正しい (真；true) か正しくない (偽；false) かを判断するもので，この命題に演算を施して論じるのが命題論理 (propositional logic) である．命題が正しければ真の命題であり，正しくなければ偽の命題であるという．たとえば，「2 は偶数である」は真の命題であり，「2 は奇数である」は偽の命題である．これらの命題に記号をつけて演算を施したものを複合命題 (compound statement) という．

次のように記号 A, B をつけた二つの命題について考えてみる．

A：このクラスの子供達は背が高い

B：このクラスの子供達は太っている

これらの各命題が真のとき 1 (または T) を，偽のとき 0 (または F) を用いて新たな複合命題を作ると，表 2.1 のようになる．この表を真理値表 (truth table) といい，1 や 0 を真理値 (truth value) という．

表 2.1　複合命題の真理値表

A	B	$A \vee B$	$A \wedge B$	$A \veebar B$	$\overline{A}$	$\overline{B}$
0	0	0	0	0	1	1
0	1	1	0	1	1	0
1	0	1	0	1	0	1
1	1	1	1	0	0	0

ここで，命題 A, B によって作られた複合命題である $A \vee B$, $A \wedge B$, $A \veebar B$ は，それぞれ論理和 (logical sum または OR)，論理積 (logical product または AND)，排他的論理和 (exclusive OR) とよばれ，次のようになる．

$A \vee B$：このクラスの子供達は背が高いかまたは太っている

$A \wedge B$：このクラスの子供達は背が高くてかつ太っている

$A \veebar B$：このクラスの子供達は背が高くてかつ太っている子供達を除いて，背が高いかまたは太っている

表 2.1 において，たとえば，各命題の真理値が $A = 0$, $B = 0$ のときの複合命題 $A \lor B = 0$ の意味は，「子供達は背が高い」の命題が偽 $(A = 0)$ で，「子供達は太っている」の命題が偽 $(B = 0)$ ならば，「子供達は背が高いかまたは太っている」という複合命題は偽 (0) であることを示している．また，$\overline{A}$, $\overline{B}$ は命題 A, B の否定命題 (negation statement) といい，次のようになる．

$\overline{A}$：このクラスの子供達は背が高くない
$\overline{B}$：このクラスの子供達は太っていない

この真理値表のほかの複合命題も同様に解釈すれば，文章が演算式で示されることがわかる．命題には，その他の論理として含意，対等などがあるが，ここでは省略する．

集合論の全体集合 I と空集合 $\varnothing$ を，それぞれ命題論理の 1 (または T) と 0 (または F) に対応させると，命題論理の式群は集合論の式群とまったく一致する．したがって，集合論の式 (2.4)～(2.14) の式群における記号 $\cup$, $\cap$, I, $\varnothing$ を，それぞれ $\lor$, $\land$, 1, 0 に置き換えた式群が，命題論理の式群である．

例題 2.4 分配則 $A \land (B \lor C) = (A \land B) \lor (A \land C)$ を真理値表で証明せよ．

解答 表 2.2 に左辺と右辺の演算結果の真理値を示す．この表から，左辺と右辺の真理値が同一なので両辺は等しいといえる．

表 2.2 **真理値表による証明**

			左辺		右辺		
A	B	C	$B \lor C$	$A \land (B \lor C)$	$A \land B$	$A \land C$	$(A \land B) \lor (A \land C)$
0	0	0	0	0	0	0	0
0	0	1	1	0	0	0	0
0	1	0	1	0	0	0	0
0	1	1	1	0	0	0	0
1	0	0	0	0	0	0	0
1	0	1	1	1	0	1	1
1	1	0	1	1	1	0	1
1	1	1	1	1	1	1	1

2.1.3 ブール代数の基本法則

電圧が高い (High；H) か低い (Low；L) か，スイッチが on か off か，真理値が 1 か 0 かなどのように，二つの状態のみを論じるものを **2 値論理** (binary logic) という．その意味では，集合論は要素がある集合に属するか属さないか，命題論理はある文章が真か偽かの 2 値について論じる 2 値論理であり，集合論と命題論理がまったく同じ形の式群になることが理解できる．これらの 2 値論理は，ド・モルガンやブールらによって**論理代数** (logical algebra) としてまとめられ，**ブール代数** (Boolean algebra) とよばれている．

集合論や命題論理の記号 A, B をブール代数の**論理変数** A, B とみなすとき，その変数の値は 1 または 0 のみである．また，これらの変数の演算によって得られる関数を次式のように表し，これを**論理関数** Z という．

$$Z = f(A, B, \cdots) \tag{2.15}$$

この式において，論理関数 Z のとりうる関数値も 1 または 0 のみである．

集合論と命題論理およびブール代数には，表 2.3 のような関係がある．

表 2.3　集合論と命題論理とブール代数の関係

集合論		命題論理		ブール代数	
和集合	$A \cup B$	論理和	$A \vee B$	論理和 (OR)	$A + B$
積集合	$A \cap B$	論理積	$A \wedge B$	論理積 (AND)	$A \cdot B$
補集合	$\widetilde{A}$	否定	$\overline{A}$	否定 (NOT)	$\overline{A}$
全体集合	I	真	1 または T	論理	1
空集合	$\varnothing$	偽	0 または F	論理	0

ブール代数は 2 値論理なので，集合論における式群の記号 $\cup, \cap, I, \varnothing$ を，それぞれ $+, \cdot, 1, 0$ に置き換えた式群が，ブール代数の式群となる．

ブール代数の基本法則

- べき等則 $\left.\begin{array}{l} A + A = A \\ A \cdot A = A \end{array}\right\}$ (2.16)

- 交換則 $\left.\begin{array}{l} A + B = B + A \\ A \cdot B = B \cdot A \end{array}\right\}$ (2.17)

- 結合則
$$(A + B) + C = A + (B + C)$$
$$(A \cdot B) \cdot C = A \cdot (B \cdot C)$$
(2.18)

- 分配則
$$A \cdot (B + C) = A \cdot B + A \cdot C$$
$$A + B \cdot C = (A + B) \cdot (A + C)$$
(2.19)

- 吸収則
$$A + A \cdot B = A$$
$$A \cdot (A + B) = A$$
(2.20)

- その他
$$A + 1 = 1$$
$$A \cdot 0 = 0$$
(2.21)

$$A + 0 = A$$
$$A \cdot 1 = A$$
(2.22)

$$A + \overline{A} = 1$$
$$A \cdot \overline{A} = 0$$
(2.23)

- 二重否定
$$\overline{\overline{A}} = A$$
(2.24)

ド・モルガンの定理

$$\overline{A + B} = \overline{A} \cdot \overline{B}$$
$$\overline{A \cdot B} = \overline{A} + \overline{B}$$
(2.25)

ド・モルガンの定理は，OR 演算を AND 演算に変換 ($\overline{A + B} = \overline{A} \cdot \overline{B}$)，または AND 演算を OR 演算に変換 ($\overline{A \cdot B} = \overline{A} + \overline{B}$) する公式で，ブール代数で頻繁に出現する重要な公式である．OR 演算でも AND 演算でも，全体の否定をとると OR が各変数の否定の AND に，AND が各変数の否定の OR に変換されると考えれば覚えやすい．

拡張ド・モルガンの定理

ド・モルガンの定理は，2 変数だけでなく 3 変数以上においても同様に成り立つ．

$$\overline{A + B + C + \cdots} = \overline{A} \cdot \overline{B} \cdot \overline{C} \cdots$$
$$\overline{A \cdot B \cdot C \cdots} = \overline{A} + \overline{B} + \overline{C} + \cdots$$
(2.26)

双対性の原理

集合論や命題論理と同様に，ブール代数においてもある式が成り立つとき，その式の＋と・，1と0を互いに入れ替えた式もまた成り立つ．この性質を双対性という．

積優先の法則

通常の四則演算において乗算が加算よりも優先されるように，ブール代数においても論理積 (AND) が論理和 (OR) よりも優先される．また，AND の演算記号 (·) は省略することができる．

ブール代数には，上記以外のたくさんの定理や公理が存在するが，通常の数学と異なるので記憶しにくい．しかし，集合論の例題 2.3 で述べたように，少数の式 (ブール代数の基本法則の薄い緑色の網かけの式) だけをベン図で直観的に理解すれば，すべての式群を記憶することなく簡単に理解することができる．たとえば，$A + 1 = 1$ は集合論の基本法則「部分集合 A と全体集合 I の和集合は全体集合 I である」に，$A + \overline{A} = 1$ は集合論の基本法則「部分集合 A と A の補集合の和集合は全体集合 I である」にそれぞれ読み替えればよい．また，ブール代数式の証明の確認は，ベン図や真理値表を使用すると理解しやすい．

例題 2.5 $A(A + B) = A$ をベン図，真理値表およびブール代数で証明せよ．

解答 ベン図，真理値表をそれぞれ図 2.6，表 2.4 に示す．また，ブール代数による証明を以下に示す．左辺の式は 2 変数だが，これに基本法則 (薄い緑色の網かけの式だけ) を使用して演算していくと，簡単な式に変形することができる．この過程を論理関数の簡単化という．

$$A(A + B) = AA + AB = A + AB = A(1 + B) = A \cdot 1 = A$$

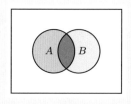

図 2.6　ベン図による証明

表 2.4　**真理値表による証明**

A	B	$A + B$	$A(A + B)$	A
0	0	0	0	0
0	1	1	0	0
1	0	1	1	1
1	1	1	1	1

例 題 2.6	次式をブール代数で簡単化せよ.

(1) $AAB + A\overline{A}B$　　　(2) $A + \overline{A} + B$　　　(3) $1 + A + B$　　　(4) $A + \overline{A}B$

解 答

(1) $AA = A$, $A\overline{A} = 0$ より, $AB + 0 \cdot B = AB$

(2) $A + \overline{A} = 1 \cdots A$ と A の補集合の和集合は全体集合 (図 2.2(c) 参照).

　　$1 + B = 1 \cdots$ 全体集合と部分集合 B の和集合は全体集合 (図 2.5(b) 参照).

(3) $1 + A + B = 1 \cdots$ 全体集合とその他の部分集合の和集合は全体集合 (同上).

(4) $A + \overline{A}B = A \cdot 1 + \overline{A}B = A(B + \overline{B}) + \overline{A}B = AB + A\overline{B} + \overline{A}B$

　　$= A(B + \overline{B}) + B(A + \overline{A}) = A \cdot 1 + B \cdot 1 = A + B$

　簡単化は, 吸収された変数を出現させてから行うのがコツである. この例では, A のところに B を出現させてから簡単化を行っている. なお, 一つの AB が二つになっているが, これは式 (2.16) のべき等則による.

2.1.4 基本論理演算と論理記号

　論理回路 (logical circuits) は, ブール代数の論理関数で表される物理現象の入出力関係を, 集積回路 (integrated circuit；IC) などのディジタル素子を使用して回路上に実現するもので, ディジタル回路設計の基礎理論である. したがって, 論理関数をディジタル素子で構成する場合の論理記号について理解しなければならない.

　図 2.7 に, n 変数の論理関数 $Z = f(A, B, C, \cdots, N)$ と論理回路の対応を示す. この図から, 論理回路への入力線が論理関数の論理変数に, また, 出力線が論理関数の値に対応していることがわかる.

　図 2.7 は多入力, 多出力の論理回路で, 複数の出力関数 Z が同じ入力変数 A, B, C, $\cdots$, N で表されることを示している. 一般に, 論理回路の入力は多変数であるが, 拡張ド・モルガンの定理からもわかるように, 2 変数で成り立つブール代数式は, 容易に多変数の式に拡張することができる. したがって, 以下に述べる基本論理演算とその論理記号も 2 変数を用いて示す.

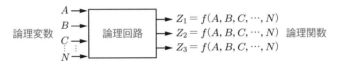

図 2.7　**論理関数と論理回路の関係**

ここでは，これらを **MIL 規格** (military standard) で表示する．MIL 規格は記号そのものに意味があり，下に示す三つの記号の組合せでつねにアクティブ入力とアクティブ出力を表示し，入力条件が決まれば一意に決まる出力状態を示している．この記号の意味を理解しておけば，回路構成においてわざわざ基本論理演算の真理値表を頭に思い浮かべる必要はない．

- **OR 記号**．一つでも入力 (**only one input**) がアクティブ状態であれば，出力にアクティブ状態が得られることを示す．
- **AND 記号**．すべての入力 (**all input**) がアクティブ状態のときのみ，出力にアクティブ状態が得られることを示す．
- ○ ：状態表示記号．入力または出力のアクティブ状態が **Low** であることを示す．この記号が明示されていないときのアクティブ状態は **High** である．

電圧の High レベル (以下 H と記す) に論理 1 を，Low レベル (以下 L と記す) に論理 0 を割り当てることを正論理 (positive logic) という．また，H に論理 0 を，L に論理 1 を割り当てることを負論理 (negative logic) という．以降では，正論理で述べることにする．

図 2.8 に示す論理回路において，2 入力 A, B が 1 または 0 をとるときの四つの入力状態に対して考えられる出力状態は，表 2.5 に示すように 16 通りがある．この表の 16 個の論理関数のうち，以下に示す論理関数が基本論理演算としてよく使用

図 2.8　2 入力 1 出力の論理回路

表 2.5　2 入力とその出力状態

A	B	Z_0	Z_1	Z_2	Z_3	Z_4	Z_5	Z_6	Z_7	Z_8	Z_9	Z_{10}	Z_{11}	Z_{12}	Z_{13}	Z_{14}	Z_{15}
0	0	0	0	0	0	0	0	0	0	1	1	1	1	1	1	1	1
0	1	0	0	0	0	1	1	1	1	0	0	0	0	1	1	1	1
1	0	0	0	1	1	0	0	1	1	0	0	1	1	0	0	1	1
1	1	0	1	0	1	0	1	0	1	0	1	0	1	0	1	0	1
			AND				XOR	OR	NOR	XNOR	$\overline{B}$		$\overline{A}$			NAND	

される．これらは，集合論のベン図で直観的に理解してもよい．

(1) OR (論理和，＋)

$$Z_7 = A + B \tag{2.27}$$

OR の真理値表は，表 2.5 の Z_7 である．Z_7 は，A, B が 0 または 1 をとるとき，次の演算であることを示している．

$$0 + 0 = 0, \quad 0 + 1 = 1, \quad 1 + 0 = 1, \quad 1 + 1 = 1 \tag{2.28}$$

OR 素子 (OR ゲートという) の記号を図 2.9(a) に示す．これは，A または B のうち一つでも (OR 記号) 入力が 1 (○がないのでアクティブ H) であれば，出力が 1 (○がないのでアクティブ H) であることを示しており，図 2.9(b) の電球を点灯する回路を意味している．

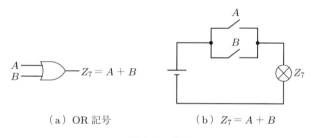

(a) OR 記号　　　　　　　(b) $Z_7 = A + B$

図 2.9　OR

(2) AND (論理積，・)

$$Z_1 = A \cdot B = AB \tag{2.29}$$

AND の真理値表は，表 2.5 の Z_1 である．AND の演算子 (・) は，省略することができる．Z_1 は，A, B が 0 または 1 をとるとき，次の演算であることを示している．

$$0 \cdot 0 = 0, \quad 0 \cdot 1 = 0, \quad 1 \cdot 0 = 0, \quad 1 \cdot 1 = 1 \tag{2.30}$$

AND 素子 (AND ゲート) の記号を図 2.10(a) に示す．これは，入力のすべて (AND 記号) が 1 (アクティブ H) のときだけ出力が 1 (アクティブ H) で，それ以外の入力の組合せ (ノンアクティブ) の場合は出力が 0 (ノンアクティブ L) になることを示しており，図 2.10(b) の電球を点灯する回路を意味している．

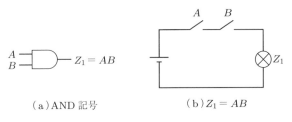

（a）AND 記号　　　　　（b）$Z_1 = AB$

図 2.10　　AND

(3)　NOT (否定，￣)

$$Z_{12} = \overline{A}, \qquad Z_{10} = \overline{B} \tag{2.31}$$

A と B の NOT の真理値表は，それぞれ表 2.5 の Z_{12}, Z_{10} である．NOT 素子 (NOT ゲート) の記号を図 2.11 に示す．NOT はインバータ (inverter) ともいう．

$$A \longrightarrow\!\!\triangleright\!\!\circ\longrightarrow Z_{12} = \overline{A}$$

図 2.11　　NOT

(4)　NOR (否定論理和)

$$Z_8 = \overline{A + B} = \overline{A}\,\overline{B} \tag{2.32}$$

NOR の真理値表は表 2.5 の Z_8 で，OR 出力 (Z_7) の NOT をとったものに相当する．NOR 素子 (NOR ゲート) の記号を図 2.12(a) に示す．この図の○が状態表示記号で，○があれば電圧が L (論理 0) 状態，なければ H (論理 1) 状態であることを意味している．この場合は，入力が一つでも 1 (○がないのでアクティブ H)であれば出力が 0 (○があるのでアクティブ L) で，すべての入力がノンアクティブ L のときは，出力がノンアクティブ H になる．また，ド・モルガンの定理より，$Z_8 = \overline{A + B} = \overline{A}\,\overline{B}$ となり，この場合は図 2.12(b) のように，すべての入力がアクティブ L のときだけ出力がアクティブ H になることを示しており，真理値表は Z_8 と同じである．なお，状態表示記号○は，アクティブ L を示す記号だが NOT と同じ動作である．

（a）$Z_8 = \overline{A + B}$　　　　　または　　　　　（b）$Z_8 = \overline{A}\overline{B}$

図 2.12　　NOR

(5) NAND (否定論理積)

$$Z_{14} = \overline{AB} = \overline{A} + \overline{B} \tag{2.33}$$

NAND の真理値表は表 2.5 の Z_{14} で, AND 出力 (Z_1) の NOT をとったものに相当する. NAND 素子 (NAND ゲート) の記号を図 2.13(a) に示す. この記号は入力電圧がともに 1 (アクティブ H) のときだけ出力が 0 (アクティブ L) で, それ以外の入力の組合せ (ノンアクティブ) の場合は出力がノンアクティブ H になることを示している. また, ド・モルガンの定理より, $Z_{14} = \overline{AB} = \overline{A} + \overline{B}$ となり, この場合は図 2.13(b) のように A, B のいずれか一つでもアクティブ L なら出力がアクティブ H になることを示しており, 真理値表は Z_{14} と同じである.

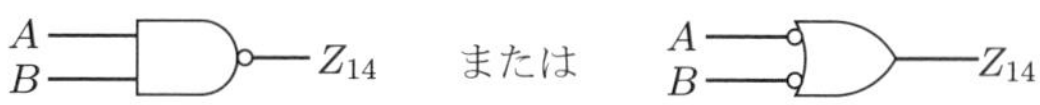

（a）$Z_{14} = \overline{AB}$ または （b）$Z_{14} = \overline{A} + \overline{B}$

図 2.13　NAND

(6) Exclusive OR (排他的論理和, XOR と略記)

$$Z_6 = A \oplus B = \overline{A}B + A\overline{B} = (A + B)(\overline{A} + \overline{B}) \tag{2.34}$$

この真理値表は, 表 2.5 の Z_6 である. Z_6 は, A, B が 0 または 1 をとるとき, 次の演算であることを示している.

$$0 \oplus 0 = 0, \quad 0 \oplus 1 = 1, \quad 1 \oplus 0 = 1, \quad 1 \oplus 1 = 0 \tag{2.35}$$

この素子の記号を図 2.14 に示す. この素子は 2 入力 A, B のみで, その値が異なるときに出力 1 (アクティブ H) であることを意味しており, この意味から不一致回路ともいう.

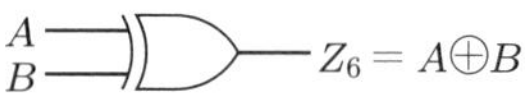

図 2.14　XOR

(7) Exclusive NOR (否定排他的論理和, XNOR と略記)

$$Z_9 = A \odot B = \overline{A \oplus B} = AB + \overline{A}\,\overline{B} = (A + \overline{B})(\overline{A} + B) \tag{2.36}$$

この真理値表は表 2.5 の Z_9 で, Exclusive OR の否定をとったものに相当し, Inclusive AND (包含的論理積) ともいう. この素子も 2 入力 A, B のみで, その値

が異なるときに出力 0 (アクティブ L) であることを意味しているが，いいかえると，入力の論理が同じときに出力 1 が得られるので一致回路ともいう．この素子の記号を図 2.15 に示す．なお，以降では，Exclusive NOR の式は，$Z = A \odot B$ ではなく $Z = \overline{A \oplus B}$ を使用し，式 (2.34) および式 (2.36) の右辺に示す論理関数の考え方は，排他的論理和の標準形と真理値表に関する 2.2.5 項で述べる．

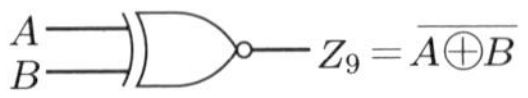

$$A \quad B \quad Z_9 = \overline{A \oplus B}$$

図 2.15   XNOR

(8) 完全系

基本論理演算において，それ自身あるいはそれらの組合せ演算ですべての論理関数を表すことのできる演算を完全系 (complete set) といい，代表的な完全系として以下のものがある．

- NOR のみ，または OR と NOT の組合せ
- NAND のみ，または AND と NOT の組合せ
- Exclusive OR と AND の組合せ

例題 2.7 OR を NOR のみ，または NAND のみで表せ．

解答 OR 演算 $A + B$ の二重否定をとると NOR のみ $\overline{\overline{A + B}}$ で，またド・モルガンの定理を適用すると NAND のみ $\overline{\overline{A}\,\overline{B}}$ で表せる．

$$Z = A + B = \overline{\overline{A + B}} = \overline{\overline{A}\,\overline{B}}$$

回路を図 2.16 に示す．このとき，NOR または NAND のみで NOT を構成するには，二つの入力をショート (短絡) すればよい．表 2.6 から，入力 A, B がともに 0 またはともに 1 のときに，それぞれの NOT 出力が得られるからである．

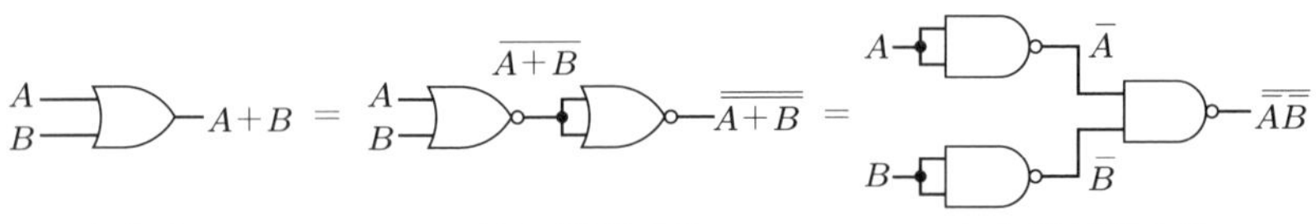

（a）OR   （b）NOR のみ   （c）NAND のみ

図 2.16   **OR を NAND で表示**

表 2.6 NAND・NOR による NOT の構成

A	B	NAND	NOR
0	0	1	1
0	1	1	0
1	0	1	0
1	1	0	0

例題 2.8

Exclusive OR を NAND のみで示せ.

解答 $A\overline{A} = 0$ と $B\overline{B} = 0$ を出現させて式を変形する.

$$Z = \overline{A}B + A\overline{B} = A\overline{A} + \overline{A}B + A\overline{B} + B\overline{B} = (A + B)(\overline{A} + \overline{B}) = (A + B)\overline{AB}$$
$$= A\overline{AB} + B\overline{AB}$$

上式の二重否定をとってド・モルガンの定理を適用すると次式が得られる. 回路構成を図 2.17 に示す.

$$Z = \overline{\overline{A\overline{AB}}\ \overline{B\overline{AB}}}$$

この例題は完全系をなす演算としてよく使用されるが, ここまでの知識では少し理解しにくい. 次節の論理関数を学んだあとに解くと理解しやすい.

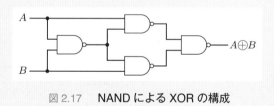

図 2.17 NAND による XOR の構成

2.2 論理関数の標準形と真理値表

論理関数と真理値表の関係は, 前節の基本論理演算でも理解できるが, ここでは, これらの関係を一般式として取り扱う. ブール代数の公式がすべて双対であったように, 論理関数の表し方にも互いに双対である加法形と乗法形の 2 種類がある.

次式で示す論理関数 Z_1, Z_2 について考える.

$$Z_1 = AB + BC + CA \tag{2.37}$$

$$Z_2 = (A + B)(B + C)(C + A) \tag{2.38}$$

OR 演算 $Z = A + B$ は,OR 接続した入力 A, B の値が一つでも 1 であれば,出力 Z が 1 であることを意味していた.したがって,式 (2.37) の右辺は三つの AND 項 (AB, BC, CA) の OR 接続なので,AND 項のどれか一つが 1 であれば,左辺 Z_1 の関数値は 1 となる.たとえば,AB が 1 のとき $Z_1 = 1 + BC + CA$ (全体集合 (1) とその他の部分集合 (BC と CA) の和集合 (+) は全体集合 (1)) となり,$Z_1 = 1$ となる.このような AND 項の OR 接続である論理関数を,加法形という.一方,AND 演算 $Z = AB$ は,すべての入力 A, B の値が 1 のときだけ出力 Z が 1 であったが,これはいいかえると,どれか一つでも入力が 0 であれば,出力 Z が 0 となることを意味している.したがって,式 (2.38) の右辺は,三つの OR 項 ($A + B$, $B + C$, $C + A$) の AND 接続なので,OR 項のどれか一つが 0 であれば,左辺 Z_2 の関数値は 0 となることがわかる.このような OR 項の AND 接続である論理関数を,乗法形という.論理関数 Z_1 と Z_2 の回路構成を図 2.18 に示す.

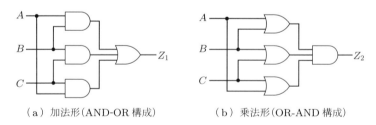

（ a ）加法形（AND-OR 構成）　　　　　（ b ）乗法形（OR-AND 構成）

図 2.18　　加法形と乗法形の回路構成

2.2.2 加法標準形と乗法標準形

加法形または乗法形の論理関数において,各項がすべての論理変数を含んでいるとき,これを加法標準形 (disjunctive canonical form) または乗法標準形 (conjunctive canonical form) という.逆に,加法標準形または乗法標準形を簡単化した式が,加法形または乗法形である.

<table>
<tr><td>例題
2.9</td><td>次式の加法形の加法標準形を求めよ.

$Z_1 = AB + BC + CA$</td></tr>
</table>

解答　各項 AB, BC, CA は, それぞれ変数 C, A, B が不足しているので, これらの変数が出現するように式を変形する.

$$Z_1 = AB \cdot 1 + BC \cdot 1 + CA \cdot 1$$
$$= AB(C + \overline{C}) + BC(A + \overline{A}) + CA(B + \overline{B})$$
$$= ABC + AB\overline{C} + ABC + \overline{A}BC + ABC + A\overline{B}C$$
$$= ABC + AB\overline{C} + \overline{A}BC + A\overline{B}C$$

この式の各項は, すべての変数 A, B, C を含んでおり, このときの各項を最小項 (minterm) という. また, この加法標準形を最小項形式ともいう.

<table>
<tr><td>例題
2.10</td><td>次式の乗法形の乗法標準形を求めよ.

$Z_2 = (A + B)(B + C)(C + A)$</td></tr>
</table>

解答　乗法標準形は加法標準形と双対の関係にあるので, まず $\overline{Z_2}$ の加法標準形を求め, これの否定関数 (ド・モルガンの定理を応用) を作れば, Z_2 の乗法標準形が求められる.

$$Z_2 = (A + B)(B + C)(C + A)$$
$$\overline{Z_2} = \overline{(A + B)(B + C)(C + A)} = \overline{(A + B)} + \overline{(B + C)} + \overline{(C + A)}$$
$$= \overline{A}\,\overline{B} + \overline{B}\,\overline{C} + \overline{C}\,\overline{A}$$
$$= \overline{A}\,\overline{B}(C + \overline{C}) + \overline{B}\,\overline{C}(A + \overline{A}) + \overline{C}\,\overline{A}(B + \overline{B})$$
$$= \overline{A}\,\overline{B}C + \overline{A}\,\overline{B}\,\overline{C} + A\overline{B}\,\overline{C} + \overline{A}\,\overline{B}\,\overline{C} + \overline{A}B\overline{C} + \overline{A}\,\overline{B}\,\overline{C}$$
$$= \overline{A}\,\overline{B}\,\overline{C} + \overline{A}\,\overline{B}C + A\overline{B}\,\overline{C} + \overline{A}B\overline{C}$$
$$Z_2 = \overline{\overline{Z_2}}$$
$$= \overline{\overline{A}\,\overline{B}\,\overline{C} + \overline{A}\,\overline{B}C + A\overline{B}\,\overline{C} + \overline{A}B\overline{C}}$$
$$= (\overline{\overline{A}\,\overline{B}\,\overline{C}})(\overline{\overline{A}\,\overline{B}C})(\overline{A\overline{B}\,\overline{C}})(\overline{\overline{A}B\overline{C}})$$
$$= (A + B + C)(A + B + \overline{C})(\overline{A} + B + C)(A + \overline{B} + C)$$

この式の各項はすべての変数を含んでおり, このときの各項を最大項 (maxterm) という. また, この乗法標準形を最大項形式ともいう.

2.2.3 標準形と真理値表

標準形と真理値表は 1 対 1 に対応している．論理関数の標準形は最小項または最大項で表される．これらの関係を，表 2.7 の 2 変数関数 (Exclusive OR) を例にして示す．

表 2.7　最小項と最大項

A	B	Z	最小項	最大項
0	0	0	$\overline{A}\,\overline{B}$	$A + B$
0	1	1	$\overline{A}B$	$A + \overline{B}$
1	0	1	$A\overline{B}$	$\overline{A} + B$
1	1	0	AB	$\overline{A} + \overline{B}$

この表から次のことがいえる．

- 最小項：変数の値が 1 のときは肯定変数，変数の値が 0 のときは否定変数とし，それらの AND をとった次の 4 項である．

$$\overline{A}\,\overline{B}, \qquad \overline{A}B, \qquad A\overline{B}, \qquad AB \tag{2.39}$$

- 最大項：変数の値が 0 のときは肯定変数，変数の値が 1 のときは否定変数とし，それらの OR をとった次の 4 項である．

$$A + B, \qquad A + \overline{B}, \qquad \overline{A} + B, \qquad \overline{A} + \overline{B} \tag{2.40}$$

加法標準形は，最小項の各項が一つでも 1 であれば関数値が 1 となるので，真理値表から論理関数を求めるには，真理値表の $Z = 1$ に着目し，その最小項の OR 接続をとればよい．また，乗法標準形は，最大項の各項が一つでも 0 であれば関数値が 0 となるので，真理値表の $Z = 0$ に着目し，その最大項の AND 接続をとればよいことになる．たとえば，表 2.7 に示す真理値表から次の関数が得られる．

$$\text{加法標準形}：Z = \overline{A}B + A\overline{B} \qquad \cdots \text{最小項の OR 接続}$$
$$\text{乗法標準形}：Z = (A + B)(\overline{A} + \overline{B}) \qquad \cdots \text{最大項の AND 接続}$$

一つの真理値表から得られるこれらの 2 式は双対なので等しく，その証明は，次のように一方の式から他方を導くことによって行う．

$$Z = (A + B)(\overline{A} + \overline{B}) = A\overline{A} + A\overline{B} + B\overline{A} + B\overline{B} = \overline{A}B + A\overline{B} \tag{2.41}$$

表 2.8　真理値表

| 例題
2.11 | 表 2.8 に示す真理値表から，加法標準形および乗法標準形
を求め，2 式が双対であることを証明せよ． |

表 2.8　**真理値表**

A	B	C	Z
0	0	0	0
0	0	1	1
0	1	0	1
0	1	1	0
1	0	0	0
1	0	1	1
1	1	0	1
1	1	1	0

解答　加法標準形は，真理値表の $Z = 1$ に着目し，最小項の OR 接続を求める．

$$Z = \overline{A}\,\overline{B}C + \overline{A}B\overline{C} + A\overline{B}C + AB\overline{C} \qquad ①$$

乗法標準形は，真理値表の $Z = 0$ に着目し，最大項の AND 接続を求める．

$$Z = (A + B + C) \cdot (A + \overline{B} + \overline{C}) \cdot (\overline{A} + B + C) \cdot (\overline{A} + \overline{B} + \overline{C}) \qquad ②$$

①より，

$$Z = \overline{B}C(\overline{A} + A) + B\overline{C}(\overline{A} + A) = \overline{B}C + B\overline{C} \qquad ③$$

②の二重否定をとって，ド・モルガンの定理を用いて加法形に直す．

$$
\begin{aligned}
Z &= \overline{\overline{(A + B + C)(A + \overline{B} + \overline{C})(\overline{A} + B + C)(\overline{A} + \overline{B} + \overline{C})}} \\
&= \overline{\overline{(A + B + C)} + \overline{(A + \overline{B} + \overline{C})} + \overline{(\overline{A} + B + C)} + \overline{(\overline{A} + \overline{B} + \overline{C})}} \\
&= \overline{\overline{A}\,\overline{B}\,\overline{C} + \overline{A}BC + A\overline{B}\,\overline{C} + ABC} \\
&= \overline{\overline{B}\,\overline{C}(\overline{A} + A) + BC(\overline{A} + A)} = \overline{\overline{B}\,\overline{C} + BC} = \overline{\overline{B}\,\overline{C}}\;\overline{BC} \\
&= (B + C)(\overline{B} + \overline{C}) = B\overline{B} + B\overline{C} + \overline{B}C + C\overline{C} = \overline{B}C + B\overline{C} \qquad ④
\end{aligned}
$$

以上より，③と④が等しくなるので①と②は双対である．

| 例題
2.12 | 次の加法形の論理関数の真理値表を求め，乗法標準形と乗法形を求めよ． |

$$Z = AB + BC$$

解答　標準形と真理値表は 1 対 1 に対応するので，まず加法標準形①を求め，各最小項に相当する Z の値を 1 とすると，表 2.9 の真理値表が求められる．

$$
\begin{aligned}
Z &= AB(C + \overline{C}) + BC(A + \overline{A}) = ABC + AB\overline{C} + ABC + \overline{A}BC \\
&= ABC + AB\overline{C} + \overline{A}BC \qquad ①
\end{aligned}
$$

真理値表の $Z = 0$ に着目し，最大項の OR 接続で乗法標準形②を求める．

$$Z = (A + B + C) \cdot (A + B + \overline{C}) \cdot (A + \overline{B} + C)$$
$$\cdot (\overline{A} + B + C) \cdot (\overline{A} + B + \overline{C}) \qquad ②$$

乗法形は，まず $Z = 0$ に着目して $\overline{Z}$ の加法形③を求め，ド・モルガンの定理を用いてその否定をとると，Z の乗法形④が得られる．

$$\overline{Z} = \overline{A}\,\overline{B}\,\overline{C} + \overline{A}\,\overline{B}C + \overline{A}B\overline{C} + A\overline{B}\,\overline{C} + A\overline{B}C$$
$$= \overline{A}\,\overline{B} + \overline{A}\,\overline{C} + A\overline{B} = \overline{B} + \overline{A}\,\overline{C} \qquad ③$$
$$Z = \overline{\overline{Z}} = \overline{\overline{B} + \overline{A}\,\overline{C}} = B(A + C) \qquad ④$$

表 2.9　**真理値表**

A	B	C	Z
0	0	0	0
0	0	1	0
0	1	0	0
0	1	1	1
1	0	0	0
1	0	1	0
1	1	0	1
1	1	1	1

例題 2.13　次の乗法形の乗法標準形，加法標準形および加法形を求めよ．

$$Z = (\overline{B} + C)(\overline{A} + B + \overline{C})$$

解答　乗法形は $\overline{Z}$ の加法形に変形して $\overline{Z}$ の加法標準形①を求め，それの否定をとると Z の乗法標準形②が求められる．

$$\overline{Z} = \overline{(\overline{B} + C)(\overline{A} + B + \overline{C})} = \overline{(\overline{B} + C)} + \overline{(\overline{A} + B + \overline{C})}$$
$$= B\overline{C} + A\overline{B}C = B\overline{C}(A + \overline{A}) + A\overline{B}C$$
$$= AB\overline{C} + \overline{A}B\overline{C} + A\overline{B}C \qquad ①$$
$$\overline{\overline{Z}} = Z = \overline{AB\overline{C} + \overline{A}B\overline{C} + A\overline{B}C} = \overline{AB\overline{C}} \cdot \overline{\overline{A}B\overline{C}} \cdot \overline{A\overline{B}C}$$
$$= (\overline{A} + \overline{B} + C)(A + \overline{B} + C)(\overline{A} + B + \overline{C}) \qquad ②$$

また，①より $\overline{Z}$ と Z の真理値表 (表 2.10) を求め，真理値表の $Z = 0$ に着目して②を求めてもよい．

真理値表の $Z = 1$ に着目して加法標準形③を求め，簡単化して加法形④を求める．

$$Z = \overline{A}\,\overline{B}\,\overline{C} + \overline{A}\,\overline{B}C + \overline{A}BC + A\overline{B}\,\overline{C} + ABC \qquad ③$$
$$= \overline{A}\,\overline{B} + BC + \overline{B}\,\overline{C} \qquad ④$$

表 2.10　**$\overline{Z}$ と Z の真理値表**

A	B	C	$\overline{Z}$	Z
0	0	0	0	1
0	0	1	0	1
0	1	0	1	0
0	1	1	0	1
1	0	0	0	1
1	0	1	1	0
1	1	0	1	0
1	1	1	0	1

論理関数の展開定理

n 変数の論理関数 $f(A, B, C, \cdots, N)$ において，一つの変数 A だけに着目すると，加法標準形は次のように展開できる．

$$f(A, B, C, \cdots, N) = A \cdot f(1, B, C, \cdots, N) + \overline{A} \cdot f(0, B, C, \cdots, N) \quad (2.42)$$

左辺 $= 1$ となるためには，右辺の第 1 項または第 2 項が 1 であればよい．第 1 項が 1 となるためには $A = 1$，第 2 項が 1 となるためには $\overline{A} = 1 \ (A = 0)$ でなければならない．これを簡単な 2 変数で考えてみると，次のようになる．

$$f(A, B) = f(0,0)\overline{A}\,\overline{B} + f(1,0)A\overline{B} + f(0,1)\overline{A}B + f(1,1)AB \quad (2.43)$$

ここで上式の右辺の f の値は，たとえば，$f(0,0)$ は，$A = 0$, $B = 0$ のときの関数値である．式 (2.43) は，左辺の関数 f の値が 1 となるには，右辺の f の値が 1 である最小項の OR 接続となることを示している．

また，乗法標準形では，一つの変数 A だけに着目すると，次のように展開できる．

$$f(A, B, C, \cdots, N) = \{f(0, B, C, \cdots, N) + A\} \cdot \{f(1, B, C, \cdots, N) + \overline{A}\}$$
$$(2.44)$$

左辺 $= 0$ となるためには，右辺の第 1 項または第 2 項が 0 であればよい．第 1 項が 0 となるには $A = 0$，第 2 項が 0 となるには $\overline{A} = 0 \ (A = 1)$ でなければならない．これを簡単な 2 変数で考えてみると，次のようになる．

$$f(A, B) = \{f(0,0) + A + B\} \cdot \{f(1,0) + \overline{A} + B\} \cdot \{f(0,1) + A + \overline{B}\}$$
$$\cdot \{f(1,1) + \overline{A} + \overline{B}\} \quad (2.45)$$

式 (2.45) の左辺の関数 f が 0 となるには，右辺の { } 項が 0 をとればよい．{ } 項が 0 になるには { } 内の関数 f の値も 0 でなければならず，このときの最大項のみが意味をもつことがわかる．

式 (2.43) と式 (2.45) をそのまま n 変数に拡張した展開式は，次のようになる．

● 加法標準形

$$f(A, B, \cdots, N) = f(0, 0, \cdots, 0)\overline{A}\,\overline{B} \cdots \overline{N}$$
$$+ f(1, 0, \cdots, 0)A\overline{B} \cdots \overline{N}$$
$$\vdots$$
$$+ f(1, 1, \cdots, 1)AB \cdots N \quad (2.46)$$

● 乗法標準形

$$f(A, B, \cdots, N) = \{f(1, 1, \cdots, 1) + \overline{A} + \overline{B} + \cdots + \overline{N}\}$$
$$\cdot \{f(0, 1, \cdots, 1) + A + \overline{B} + \cdots + \overline{N}\}$$
$$\vdots$$
$$\cdot \{f(0, 0, \cdots, 0) + A + B + \cdots + N\} \qquad (2.47)$$

例題 2.14 $Z = \overline{A}\,\overline{B}C + \overline{A}BC + AB\overline{C} + ABC$ を展開の式で示せ.

解答 真理値表を表 2.11 に示す. この表を式 (2.46) に対応させる.

$$Z = f(0, 0, 1)\overline{A}\,\overline{B}C + f(0, 1, 1)\overline{A}BC$$
$$+ f(1, 1, 0)AB\overline{C} + f(1, 1, 1)ABC$$
$$= 1 \cdot \overline{A}\,\overline{B}C + 1 \cdot \overline{A}BC + 1 \cdot AB\overline{C} + 1 \cdot ABC$$

これは次式を意味している.

$$Z = \overline{A}\,\overline{B}C + \overline{A}BC + AB\overline{C} + ABC$$

また, 乗法標準形は, $f = 0$ のときの最大項を式 (2.47) に対応させる.

$$Z = \{f(0, 0, 0) + A + B + C\} \cdot \{f(0, 1, 0) + A + \overline{B} + C\}$$
$$\cdot \{f(1, 0, 0) + \overline{A} + B + C\} \cdot \{f(1, 0, 1) + \overline{A} + B + \overline{C}\}$$

これは次式を意味している.

$$Z = (0 + A + B + C)(0 + A + \overline{B} + C)(0 + \overline{A} + B + C)(0 + \overline{A} + B + \overline{C})$$
$$= (A + B + C)(A + \overline{B} + C)(\overline{A} + B + C)(\overline{A} + B + \overline{C})$$

表 2.11 **真理値表**

A	B	C	Z
0	0	0	0
0	0	1	1
0	1	0	0
0	1	1	1
1	0	0	0
1	0	1	0
1	1	0	1
1	1	1	1

2.2.5 排他的論理和とその標準形

Exclusive OR (排他的論理和) の動作は, 2.1.4 項 (6) で示したように, 入力 A, B の値が異なるときに出力 Z が 1 になる (不一致回路). この Exclusive OR と AND の集合 $\{\oplus, \cdot, 1\}$ は完全系なので, この演算もよく用いられる. 変数 A と B の Exclusive OR ($\oplus$) の加法標準形は, 表 2.12 より $Z = 1$ に着目して次式で与え

られる。Exclusive OR の実用論理素子は 2 入力のみなので，多変数の場合はこの素子を複数個使用して回路構成する．

$$Z = A \oplus B = \overline{A}B + A\overline{B} \tag{2.48}$$

表 2.12　XOR

A	B	Z
0	0	0
0	1	1
1	0	1
1	1	0

不一致

また，$Z = 0$ に着目して乗法標準形を求めると次式となる．

$$Z = A \oplus B = (A + B)(\overline{A} + \overline{B}) \tag{2.49}$$

式 (2.48) から ⊕ 演算とは，**一方の否定変数と他方の肯定変数の AND 項 ($\overline{A}B$) および一方の肯定変数と他方の否定変数の AND 項 ($A\overline{B}$) を OR 接続したものである**ことがわかる．このように考えれば，以下に示す公式は暗記することなく容易に理解することができる．

- 交換則　$A \oplus B = B \oplus A$ (2.50)
- 結合則　$(A \oplus B) \oplus C = A \oplus (B \oplus C)$ (2.51)
- 分配則　$A(B \oplus C) = AB \oplus AC$ (2.52)
- その他　$A \oplus A = 0$ (2.53)

　　　　$A \oplus \overline{A} = 1$ (2.54)

　　　　$A \oplus 0 = A$ (2.55)

　　　　$A \oplus 1 = \overline{A}$ (2.56)

⊕ 演算は，真理値を用いて表すと，表 2.12 より $1 \oplus 1 = 0$ だから，

$$1 \oplus 1 \oplus 1 = 1, \quad 1 \oplus 1 \oplus 1 \oplus 1 = 0$$

となり，1 が奇数個のとき 1，偶数個のとき 0 となる．

Exclusive NOR の動作は，2.1.4 項 (7) で示したように，入力 A, B の値が同じときに出力 Z が 1 になる (一致回路)．このときの真理値表は，表 2.12 の出力 Z を反転したものである．

表 2.13 により，$Z = 1$ と $Z = 0$ に着目して，次式の Exclusive NOR の加法標準形と乗法標準形が求められる．

表 2.13　XNOR

A	B	Z
0	0	1
0	1	0
1	0	0
1	1	1

一致

$$Z = \overline{A \oplus B} = \overline{A}\,\overline{B} + AB = (A + \overline{B})(\overline{A} + B) \tag{2.57}$$

例 題 2.15	次式を証明せよ.

(1) $1 \oplus A = \overline{A}$

(2) $A \oplus B \oplus AB = A + B$ (2.58)

解 答 $\oplus$ 演算は式 (2.48) より,一方の否定変数と他方の肯定変数の AND 項,および一方の肯定変数と他方の否定変数の AND 項を,それぞれ OR 接続する.

(1) $1 \oplus A = \overline{A} \cdot 1 + \overline{1} \cdot A = \overline{A} + 0 \cdot A = \overline{A}$

(2)
$$
\begin{aligned}
(A \oplus B) \oplus AB &= (\overline{A \oplus B}) AB + (A \oplus B) \overline{AB} \\
&= (\overline{\overline{A}B + A\overline{B}}) AB + (\overline{A}B + A\overline{B}) \overline{AB} \\
&= (A + \overline{B})(\overline{A} + B) AB + (\overline{A}B + A\overline{B})(\overline{A} + \overline{B}) \\
&= (\overline{A}\,\overline{B} + AB) AB + (\overline{A}B + A\overline{B})(\overline{A} + \overline{B}) \\
&= 0 + AB + \overline{A}B + A\overline{B} = A(B + \overline{B}) + B(A + \overline{A}) \\
&= A + B
\end{aligned}
$$

次に,排他的論理和の展開式について,簡単のために 2 変数について考えてみる.1 変数の A だけに着目して加法標準形に展開すると,式 (2.42) より次式になる.

$$f(A, B) = A f(1, B) + \overline{A} f(0, B) \tag{2.59}$$

この OR 演算を式 (2.58) を利用して $\oplus$ 演算に展開すると,

$$
\begin{aligned}
f(A, B) &= A f(1, B) \oplus \overline{A} f(0, B) \oplus A \overline{A} f(1, B) f(0, B) \\
&= A f(1, B) \oplus \overline{A} f(0, B)
\end{aligned}
$$

式 (2.56) より $\overline{A} = 1 \oplus A$ なので

$$
\begin{aligned}
f(A, B) &= A f(1, B) \oplus (1 \oplus A) f(0, B) \\
&= f(0, B) \oplus A \{ f(0, B) \oplus f(1, B) \} \tag{2.60}
\end{aligned}
$$

となる.

同様に,$f(0, B), f(1, B)$ を B について展開する.まず,$f(A, B)$ を B について展開すると,

$$f(A, B) = B f(A, 1) + \overline{B} f(A, 0)$$

ゆえに,

$$f(0, B) = B f(0, 1) + \overline{B} f(0, 0)$$

上式を $\oplus$ 演算に展開すると，

$$f(0, B) = Bf(0,1) \oplus \overline{B}f(0,0) \oplus B\overline{B}f(0,1)f(0,0)$$

$\overline{B} = 1 \oplus B$ なので，

$$f(0, B) = f(0,0) \oplus B\{f(0,0) \oplus f(0,1)\} \tag{2.61}$$

となる．

同様の手順で $f(1, B)$ を展開すると，

$$f(1, B) = f(1,0) \oplus B\{f(1,0) \oplus f(1,1)\} \tag{2.62}$$

式 (2.61)，式 (2.62) を式 (2.60) に代入すると，

$$f(A, B) = f(0,0) \oplus B\{f(0,0) \oplus f(0,1)\} \oplus Af(0,0)$$
$$\oplus AB\{f(0,0) \oplus f(0,1)\} \oplus Af(1,0) \oplus AB\{f(1,0) \oplus f(1,1)\}$$

これを整理すると，

$$f(A, B) = f(0,0) \oplus A\{f(0,0) \oplus f(1,0)\} \oplus B\{f(0,0) \oplus f(0,1)\}$$
$$\oplus AB\{f(0,0) \oplus f(0,1) \oplus f(1,0) \oplus f(1,1)\} \tag{2.63}$$

となる．この形が排他的論理和標準形であり，同様の手順を繰り返せば，n 変数の式として標準形に展開できる．

例題 2.16 展開式を用いて，$Z = A + \overline{B}$ の排他的論理和標準形を求めよ．

解答 Z の真理値表は，表 2.14 である．この表から，$f(0,0) = 1$，$f(0,1) = 0$，$f(1,0) = 1$，$f(1,1) = 1$ が得られる．これらを式 (2.63) に代入する．

$$Z = f(A, B) = 1 \oplus A\{1 \oplus 1\} \oplus B\{1 \oplus 0\} \oplus AB\{1 \oplus 0 \oplus 1 \oplus 1\}$$
$$= 1 \oplus B \oplus AB$$

（検算）

$$1 \oplus B \oplus AB = \overline{B} \oplus AB$$
$$= BAB + \overline{B}\,\overline{AB}$$
$$= AB + \overline{B}(\overline{A} + \overline{B})$$
$$= AB + \overline{A}\,\overline{B} + \overline{B}$$
$$= AB + \overline{A}\,\overline{B} + A\overline{B}$$

表 2.14 **$Z = A + \overline{B}$ の真理値表**

A	B	Z
0	0	1
0	1	0
1	0	1
1	1	1

$$= A(B + \overline{B}) + \overline{B}(A + \overline{A})$$
$$= A + \overline{B}$$

本章のまとめ

1. 論理回路は，ブール代数の論理関数で表される物理現象の入出力関係を，集積回路などのディジタル素子を使用して回路上に実現する理論である．

2. ブール代数の基本法則は，集合論のベン図や命題論理の真理値表で表すと，直観的に理解することができる．とくにド・モルガンの定理，双対性の原理は重要で，論理関数の演算においてよく用いられる．

3. 集合論と命題論理はどちらも 2 値論理であり，片方の法則に対応した法則がもう一方にも存在している．

4. 論理回路を構成する論理記号には，OR 記号，AND 記号，状態表示記号の 3 種類がある．状態表示記号は，アクティブ L を示している．

5. 論理関数の表し方には，加法形と乗法形の 2 種類がある．加法形の式は OR 接続なので，各項のどれか一つが 1 であれば関数値は 1 である．また，乗法形の式は AND 接続なので，各項のどれか一つが 0 であれば関数値は 0 である．

6. 加法形 (乗法形) の各項がすべての論理変数を含んでいるときは，加法標準形 (乗法標準形) という．標準形は真理値表と 1 対 1 に対応しており，加法標準形と乗法標準形は双対である．

7. Exclusive OR は，加法形への変換手順を理解すれば，公式を覚えることなく，加法形や加法標準形を機械的に求めることができる．Exclusive OR と Exclusive NOR は重要で，第 4 章の加算器などの実用回路設計によく用いられる．

演習問題

2.1 次式をベン図で証明せよ．

(1) 吸収則：$A \cup (A \cap B) = A$

(2) 分配則：$A \cup (B \cap C) = (A \cup B) \cap (A \cup C)$

2.2 次式を真理値表で証明せよ．

(1) $A \vee 1 = 1$ (2) $A \vee 0 = A$ (3) $A \vee (A \wedge B) = A$

(4) ド・モルガンの定理：$\overline{AB} = \overline{A} + \overline{B}$

2.3 次式を簡単化せよ．

(1) $Z = A\overline{A} + B$ (2) $Z = (A + B)(\overline{A + B})$

(3) $Z = (A + \overline{A} + B)(C + D)$ (4) $Z = A\overline{B}\,\overline{C} + A\overline{B}C + AB\overline{C} + ABC$

(5) $Z = A + AB$

2.4 次式をブール代数で証明せよ.

(1) $AB + \overline{B} = A + \overline{B}$ (2) $(A + B)(A + \overline{B}) = A$

(3) $A + BC = (A + B)(A + C)$ (4) $AB + \overline{A}BC = AB + BC$

(5) $(A + B + C)(\overline{A} + B) = B + C\overline{A}$

(6) $(\overline{A} + B + C)(AB + \overline{B}C + \overline{C}A) = AB + \overline{B}C$

2.5 次式の加法標準形と乗法標準形を求めよ.

(1) $Z = A + \overline{B}C$ (2) $Z = AB + \overline{B}C + \overline{A}\,\overline{B}$

(3) $Z = \overline{A} + A\overline{B}$ (4) $Z = (A + \overline{B})(B + \overline{C})$

(5) $Z = (\overline{A} + B)(A + \overline{B} + C)(A + B + \overline{C})$

(6) $Z = A \oplus \overline{B}$ (7) $Z = A \oplus B \oplus C$

2.6 次式をブール代数で証明せよ.

(1) $A(B \oplus C) = AB \oplus CA$ (2) $A(A \oplus B) = A\overline{B}$

(3) $(A \oplus B)(B \oplus C)(C \oplus A) = 0$ (4) $A \oplus BC \oplus CA = BC + A\overline{C}$

2.7 次式の加法標準形を求め,加法標準形から真理値表を求めよ.

(1) $Z = A\overline{B} + B\overline{C} + \overline{C}\,\overline{A}$ (2) $Z = (\overline{A} + B)(B + \overline{C})$

2.8 表 2.15 の真理値表から,加法標準形と乗法標準形および加法形と乗法形を求めよ.

2.9 次式を NAND および NOR のみで示せ.

(1) $A + \overline{B}$ (2) $AB + \overline{A}\,\overline{B}$ (Exclusive NOR)

(3) $\overline{A}B + A\overline{B}$ (Exclusive OR)

2.10 次の演算を行え.

(1) $0 \oplus 1 =$ (2) $1 \oplus A \oplus \overline{B} =$ (3) $1 \oplus \overline{A} =$

(4) $A \oplus AB =$

2.11 Exclusive NOR (一致回路) の排他的論理和標準形を求めよ.

2.12 次式の排他的論理和標準形を求めよ.

(1) $Z = \overline{A} + B$ (2) $Z = \overline{A}B + \overline{B}C$

2.13 ド・モルガンの定理を用いて次式の否定関数を求めよ.

(1) $Z = AB + CD$ (2) $Z = \overline{AB} + \overline{CD}$ (3) $Z = (\overline{A} + B)(A + \overline{B})$

2.14 次式を回路構成せよ.

(1) $Z = AB + BC + ACD$

(2) $Z = (A + B) \cdot (B + C) \cdot (A + C + D)$

(3) $Z = A \oplus B \oplus C \oplus D$

表 2.15

A	B	C	Z
0	0	0	0
0	0	1	0
0	1	0	1
0	1	1	1
1	0	0	0
1	0	1	1
1	1	0	0
1	1	1	1

第 3 章

論理関数の簡単化

3.1 簡単化とは

表 3.1 の真理値表から得られる論理関数にはいろいろある．$Z = 1$ に着目して求めた加法標準形が，式 (3.1) である．これにブール代数の公式を利用して，いろいろな形式に変換し，最終的に得られたものが式 (3.2) の加法形で，これらの式は同じものである．

表 3.1　**真理値表**

A	B	C	Z
0	0	0	0
0	0	1	0
0	1	0	0
0	1	1	1
1	0	0	0
1	0	1	1
1	1	0	1
1	1	1	1

$$Z = \overline{A}BC + A\overline{B}C + AB\overline{C} + ABC \tag{3.1}$$

$$Z = AB + BC + CA \tag{3.2}$$

これらの回路構成は，図 3.1(a), (b) に示すように，AND 項を先に構成し，これらの OR 接続をとったものである．二つの図を比較してみると，明らかに図 3.1(b) のほうが素子数と結線数 (各素子への入力線数) が少ない．このように，もっとも簡単な論理関数に変形して，素子数と結線数を減少させることを簡単化 (simplification) といい，式を用いる方法，図を用いる方法および表を用いる方法の 3 種類がある．コンピュータのように大量の素子数と結線数を必要とするディジタル機器においては，それらを減少させることによって，廉価で信頼性の高い設計が得られる．

　ブール代数の式による簡単化は，やみくもに変形してみるのではなく，加法標準形から出発し，分配則を利用して共通項でくくり，簡単化できるかどうかを検討する．

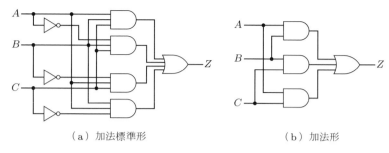

（a）加法標準形　　　　　　　　（b）加法形

図 3.1　　加法標準形と加法形の回路構成

例題 3.1

$Z = AB + \overline{A}BC + A\overline{B}C$ をブール代数を用いて簡単化し，回路構成せよ．

解答　まず，加法標準形を求め，次に簡単化できる項をまとめる．

$$Z = ABC + AB\overline{C} + \overline{A}BC + A\overline{B}C$$
$$= AB(C + \overline{C}) + BC(A + \overline{A}) + CA(B + \overline{B}) = AB + BC + CA$$

回路構成は図 3.1(b) と同じである．

この例では，簡単化に ABC 項を三度使用しているが，べき等則 $(A + A = A)$ から一つの項を何度使用してもよいことは明らかである．

例題 3.2

$Z = (A + B)(\overline{A} + B + C)(A + \overline{B} + C)$ をブール代数で簡単化した Z の乗法形を求め，回路構成せよ．

解答　この式は乗法形なので，ド・モルガンの定理を利用して $\overline{Z}$ の加法形①に変換し，$\overline{Z}$ の加法標準形②を求め，それを簡単化する．最後に得られた $\overline{Z}$ の加法形③を，再度ド・モルガンの定理を用いて否定をとれば，簡単化した Z の乗法形④が得られる．

$$\overline{Z} = (\overline{A + B}) + (\overline{\overline{A} + B + C}) + (\overline{A + \overline{B} + C})$$
$$= \overline{A}\,\overline{B} + A\overline{B}\,\overline{C} + \overline{A}B\overline{C} \qquad\qquad ①$$
$$= \overline{A}\,\overline{B}C + \overline{A}\,\overline{B}\,\overline{C} + A\overline{B}\,\overline{C} + \overline{A}B\overline{C} \qquad ②$$
$$= \overline{A}\,\overline{B}(C + \overline{C}) + \overline{B}\,\overline{C}(A + \overline{A}) + \overline{C}\,\overline{A}(B + \overline{B})$$
$$= \overline{A}\,\overline{B} + \overline{B}\,\overline{C} + \overline{C}\,\overline{A} \qquad \cdots\overline{Z} \text{ の加法形} \qquad ③$$
$$Z = \overline{\overline{Z}} = (\overline{\overline{A}\,\overline{B}})(\overline{\overline{B}\,\overline{C}})(\overline{\overline{C}\,\overline{A}})$$
$$= (A + B)(B + C)(C + A) \qquad \cdots Z \text{ の乗法形} \qquad ④$$

回路構成を図 3.2 に示す．

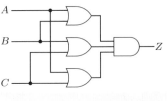

図3.2　**Z**の乗法形の回路構成

3.2　カルノー図による簡単化

　図を用いる簡単化法には，カルノー図 (Karnaugh diagram) とバイチ図 (Veitch diagram) による方法があり，どちらも真理値表を 2 次元の平面図として表したものである．カルノー図は，真理値表の変数値を図の横軸と縦軸に対応させて機械的に容易に作図できる利点があるので，ここでは，カルノー図による簡単化法について述べる．図 3.3 に，入力変数の個数に応じたカルノー図を示す．これらの図の一つの小矩形は，加法標準形の最小項に対応している．

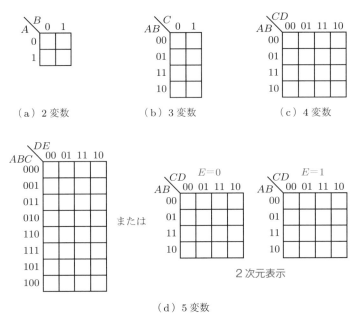

図 3.3　カルノー図

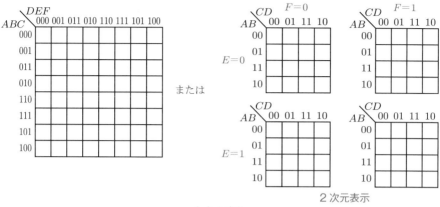

（e）6変数

図 3.3　カルノー図 (つづき)

カルノー図の作り方は，図 3.3(a) の 2 変数 ($2^2 = 4$ 個の小矩形) をベースにして，3 変数 ($2^3 = 8$ 個) は下 (または右) に折り返す．また，4 変数 ($2^4 = 16$ 個) はそれを右 (または下) に折り返し，さらに 5 変数 ($2^5 = 32$ 個) は下 (または右) へ折り返す操作を変数の増加に合わせて機械的に構成する．このとき，縦軸と横軸に配列する変数の値はグレイ符号 (交番 2 進符号，1.2.1 項 (3) の表 1.4 参照) である．また，図 3.3(d), (e) で示すように 2 次元表示のカルノー図もある．以下に，例を用いて簡単化手順を示す．

例題 3.3　次の 3 変数の論理関数を，カルノー図を用いて簡単化した加法形と乗法形を求め，回路構成せよ．

$$Z = A\overline{B} + B\overline{C} + \overline{A}C + \overline{A}B$$

解答　まず，論理関数 Z の加法標準形を求め，これの真理値表 (表 3.2) を得る．

$$Z = A\overline{B}(C + \overline{C}) + B\overline{C}(A + \overline{A}) + \overline{A}C(B + \overline{B}) + \overline{A}B(C + \overline{C})$$
$$= A\overline{B}C + A\overline{B}\,\overline{C} + AB\overline{C} + \overline{A}B\overline{C} + \overline{A}BC + \overline{A}\,\overline{B}C$$

次に，3 変数に対応するカルノー図 (図 3.3(b)) を描く．図の縦と横の 2 次元に変数 A, B, C とその値 (グレイ符号) を配列する．

真理値表の各最小項は図 3.4(a) の各小矩形に対応している．したがって，図 3.4(a) のように $Z = 1$ の最小項に対応する小矩形に 1 を記入し，$Z = 0$ に対応する小矩形のところは空白のままにしておく．

表 3.2　　**真理値表**

A	B	C	Z
0	0	0	0
0	0	1	1
0	1	0	1
0	1	1	1
1	0	0	1
1	0	1	1
1	1	0	1
1	1	1	0

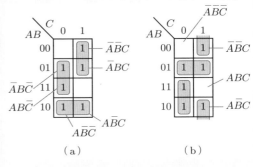

図 3.4　　**カルノー図 (3 変数)**

図 3.4(a) の隣接する小矩形は 1 変数が異なるだけなので，次のように一つにまとめることができる．

$$\text{上下の小矩形}\ \overline{A}\,\overline{B}C + \overline{A}BC = \overline{A}C(B + \overline{B}) = \overline{A}C$$
$$\overline{A}B\overline{C} + AB\overline{C} = B\overline{C}(A + \overline{A}) = B\overline{C}$$
$$\text{左右の小矩形}\ A\overline{B}\,\overline{C} + A\overline{B}C = A\overline{B}(C + \overline{C}) = A\overline{B}$$

簡単化した論理関数は以下のように得られる．

$$Z = A\overline{B} + B\overline{C} + C\overline{A} \qquad\qquad ①$$

ただし，上記の簡単化において，すでに簡単化に使用した二つの小矩形 $(AB\overline{C}, \overline{A}BC)$ を重複して簡単化してはいけない．これらを簡単化すると $\overline{A}B$ が出現し，式①の項数が次式のように増加するからである．

$$Z = A\overline{B} + B\overline{C} + C\overline{A} + \overline{A}B$$

また，簡単化は図 3.4(b) のようにまとめることもできる．これは，右列の上下両端の小矩形も 1 変数が異なるだけだからである．

$$\overline{A}\,\overline{B}C + A\overline{B}C = \overline{B}C(A + \overline{A}) = \overline{B}C$$

同様の理由で，左右両端の小矩形もまとめることができる．このときの簡単化した論理関数は次式となる．

$$Z = \overline{A}B + \overline{B}C + \overline{C}A \qquad\qquad ②$$

一方，Z の加法形のカルノー図から乗法形の論理関数を求める手順を以下に示す．まず，図 3.4(b) の空白 ($Z = 0$) に着目して $\overline{Z}$ の加法形を求める．次に，ド・モルガンの定理を用いてこの否定をとれば，Z の乗法形が得られる．

$$\overline{Z} = \overline{A}\,\overline{B}\,\overline{C} + ABC$$

$$Z = \overline{\overline{Z}} = \overline{\overline{A}\,\overline{B}\,\overline{C} + ABC} = \overline{\overline{A}\,\overline{B}\,\overline{C}} \cdot \overline{ABC}$$
$$= (A + B + C)(\overline{A} + \overline{B} + \overline{C}) \qquad\qquad ③$$

式①，②，③の論理関数は表現が異なっているが，これらは同じ真理値表 (表 3.2) から得られたものなので，まったく同等の式である．

式②より加法形は AND-OR 構成，式③より乗法形は OR-AND 構成となる．これらを図 3.5(a), (b) に示す．

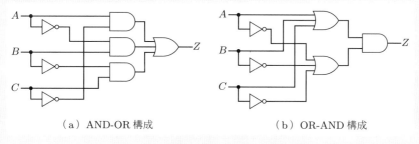

（a）AND-OR 構成　　　　　　　　　（b）OR-AND 構成

図 3.5　　加法形と乗法形の回路構成

例題 3.4　次式の 4 変数の論理関数をカルノー図で簡単化せよ．
$$Z = \overline{A}\,\overline{B}D + \overline{A}BD + A\overline{C}D + AB\overline{D}$$

解答　まず，図 3.6 のカルノー図を作る．例題 3.3 では，カルノー図の小矩形と真理値表の最小項の関係を理解するために，加法形をわざわざ加法標準形に直してから最小項の位置に 1 を記入していたが，縦横の共通な変数の値に着目すれば，加法標準形を求めなくても，加法形から直接カルノー図を求めることができる．たとえば，$\overline{A}\,\overline{B}D$ の位置は C に無関係なので，$A = 0, B = 0, D = 1$ の

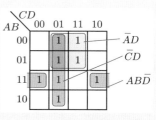

図 3.6　　カルノー図 (4 変数)

ところの二つの小矩形に 1 を記入する．その他の項 ($\overline{A}BD$, $A\overline{C}D$, $AB\overline{D}$) も同様の方法で直接 1 を記入する．

次に簡単化する．このとき，一つにまとめることのできる個数は 2 のべき乗個 (2, 4, 8, 16, $\cdots$) であり，できるだけ大きくまとめれば，より簡単化した式が得られる．まとめる大きさが 2 のべき乗個でない場合は，変数の個数が減少しないのでまとめることができない．図 3.6 において，たとえば次の四つの最小項は一つにまとめられる．

$$\overline{A}\,\overline{B}\,\overline{C}D + \overline{A}BCD + AB\overline{C}D + A\overline{B}\,\overline{C}D = \overline{C}D$$

また，この場合の簡単化された項 $\overline{C}D$ は，図 3.6 の四つの小矩形から直接求めることができる．すなわち，四つの小矩形において，縦軸 AB の変数値には共通の値はなく，横軸の $C = 0, D = 1$ が共通なので，これらは $\overline{C}D$ となる．同様に，ほかの小矩形についても図のようにまとめて，共通変数の値について簡単化すると次式が得られる．なお，各小矩形は簡単化に際して何度使用してもよいことは，べき等則から明らかである．

$$Z = \overline{A}D + \overline{C}D + AB\overline{D}$$

例題 3.5 図 3.7 のカルノー図で示す 5 変数の論理関数を簡単化せよ．

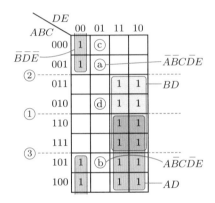

図 3.7 カルノー図 (5 変数)

解答 4 個の小矩形をまとめるよりは，8 個のほうがより簡単化される．縦軸の 3 変数のグレイ符号は，破線①②③の位置で交番関係 (1 ビットのみが異なる鏡像関係) にあるので，8 個の小矩形 (AD, BD) と 4 個の小矩形 ($\overline{B}\,\overline{D}\,\overline{E}$) にまとめられ，簡単化した式は次式になる．

$$Z = AD + BD + \overline{B}\,\overline{D}\,\overline{E}$$

ここで，5 変数以上のカルノー図における留意点について述べる．5 変数以上になると二つの小矩形が隣接していなくても鏡像関係にある小矩形が出現し，これらは一つにまとめることができる．たとえば，図の ⓐ $\overline{A}\,BC\overline{D}\,E$ と ⓑ $A\overline{B}C\overline{D}\,E$ は，破線①の鏡像関係で $\overline{B}C\overline{D}\,E$ に簡単化できる．同様に，ⓒとⓓも破線②で簡単化できる．

また，図 3.7 のカルノー図は，2 次元表示で図 3.8 のように描ける．図 3.7 では，$A = 0$ と $A = 1$ の交番関係に分かれているが，この図では $E = 0$ と $E = 1$ に分かれた形になっている．

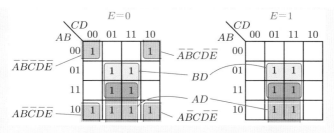

図 3.8 　2 次元表示のカルノー図 (5 変数)

　まず，左側の四隅の小矩形は 1 変数のみが異なり，隣接項とみなせるので一つにまとめられる．

$$\overline{A}\,\overline{B}\,\overline{C}\,\overline{D}\,\overline{E} + \overline{A}\,B\,C\,\overline{D}\,\overline{E} + A\,B\,\overline{C}\,\overline{D}\,\overline{E} + A\,\overline{B}\,C\,\overline{D}\,\overline{E} = \overline{B}\,\overline{D}\,\overline{E}$$

　共通する変数の値は $B=0$ と $D=0$ で，これらは $E=0$ に属しているので $\overline{B}\,\overline{D}\,\overline{E}$ となる．

　$E=0$ と 1 の両方にまたがっている場合は，E を簡単化できる．図の左右にまたがる真ん中の八つの項は，$B=1$ でかつ $D=1$ なので BD となり，左右にまたがる下の八つは AD となる．したがって，簡単化した式は図 3.7 の場合と同じ式になる．

$$Z = AD + BD + \overline{B}\,\overline{D}\,\overline{E}$$

　図 3.7 のようにグレイ符号と鏡像関係を理解すれば，6 変数以上でも機械的にカルノー図を作成し，簡単化することができる．しかし，図 3.8 のような 2 次元表示では，6 変数以上の簡単化が複雑で困難になる．

3.3　カルノー図による乗法形の簡単化

　カルノー図の小矩形は加法標準形の最小項に対応しているが，乗法形の簡単化にも容易に応用することができる．

　乗法形の簡単化手順は次のとおりである．

1. ド・モルガンの定理で乗法形を加法形に変換する．すなわち $\overline{Z}$ の加法形を求める．
2. $\overline{Z}$ のカルノー図を求め，これを簡単化する．
3. 再度，ド・モルガンの定理で $\overline{Z}$ の否定をとれば，簡単化された Z の乗法形が得られる．

例題 3.6　$Z = (A + \overline{B})(B + \overline{C})(\overline{B} + C)(\overline{A} + B)$ を，$\overline{Z}$ のカルノー図を用いて簡単化した乗法形と加法形を求め，回路構成せよ．

解答　$\overline{Z} = \overline{(A + \overline{B})(B + \overline{C})(\overline{B} + C)(\overline{A} + B)} = \overline{A}B + \overline{B}C + B\overline{C} + A\overline{B}$

上式のカルノー図を図 3.9 に示す．これを用いて簡単化すると，$\overline{Z}$ の加法形が求められる．

$$\overline{Z} = A\overline{B} + B\overline{C} + C\overline{A}$$

この否定をとると，Z の乗法形が求められる．

$$Z = \overline{\overline{Z}} = \overline{A\overline{B} + B\overline{C} + C\overline{A}}$$
$$= (\overline{A} + B)(\overline{B} + C)(\overline{C} + A) \quad \cdots 乗法形$$

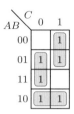

C	0	1
AB		
00		1
01	1	1
11	1	
10	1	1

結局，Z の乗法形の簡単化は $\overline{Z}$ の加法形の簡単化を求めればよい．

図 3.9　**$\overline{Z}$ のカルノー図**

また，Z の加法形を求めるには，$\overline{Z}$ のカルノー図における $\overline{Z} = 0$（すなわち $Z = 1$）に着目し，その加法形を求めればよい．この方法で求めた式は次のようになる．

$$Z = \overline{A}\,\overline{B}\,\overline{C} + ABC \quad \cdots 加法形$$

回路構成を，それぞれ図 3.10(a), (b) に示す．

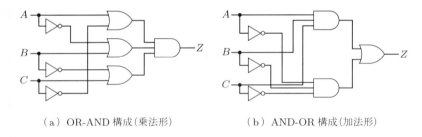

（a）OR-AND 構成（乗法形）　　　　（b）AND-OR 構成（加法形）

図 3.10　**乗法形から簡単化した場合の回路構成**

3.4 ドントケア項を用いたカルノー図による簡単化

　論理関数が，論理回路の入力と出力の関係を表していることは，前述したとおりである．これを真理値表で示すと，入力に相当する最小項の数は，入力変数の個数の 2 のべき乗個である．実際の回路設計においては，必ずしもすべての最小項が入力に使用されるとは限らない場合がある．たとえば，電卓などに使用する 10 キー

を表 3.3 のように BCD 符号化して，それを入力として使用するとき，下の六つの最小項は決して起こりえない入力である．入力として存在しないのだから，当然出力も存在しないわけで，設計においては，それらの入力の組合せに対する出力を 1 または 0 のいずれとみなしてもよい (表の×印) ことになる．このような入力変数の項をドントケア項 (don't care term)，冗長項 (redundancy term) または組合せ禁止 (forbidden combination) という．以下では，この項のことをドントケア項とよぶことにする．これらの項を必要に応じて 1 または 0 として利用すれば，より簡単化が進む．

表 3.3 は，10 キーの 5 以上を押したとき，出力 Z が 1 であると仮定したときの回路の真理値表で，A が最下位ビット，D が最上位ビットである．これまでは論理を理解しやすいように，カルノー図の変数位置を A, B, C, D の順に記述してきたが，実用回路においては，2 進数で与えられる入力変数の位置が，下位ビットなのか上位ビットなのかを認識して変数名をつけなければならない．したがって，この例ではこれを理解するために，実用回路 (たとえば，後述の表 4.8 の BCD-10 進デコーダ) の変数名に合わせて下位ビットを A として，表 3.3 を作成している．この表について，ドントケア項を利用しない場合と利用した場合のそれぞれの簡単化についてカルノー図を求め，その論理関数と回路構成を比較する．カルノー図は真理

表 3.3　ドントケア項のある真理値表

10 キー	D	C	B	A	Z
0	0	0	0	0	0
1	0	0	0	1	0
2	0	0	1	0	0
3	0	0	1	1	0
4	0	1	0	0	0
5	0	1	0	1	1
6	0	1	1	0	1
7	0	1	1	1	1
8	1	0	0	0	1
9	1	0	0	1	1
入力として存在しない	1	0	1	0	×
	1	0	1	1	×
	1	1	0	0	×
	1	1	0	1	×
	1	1	1	0	×
	1	1	1	1	×

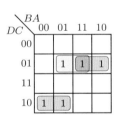

（a）ドントケア項を利用しない場合

（b）ドントケア項を利用した場合

図 3.11　ドントケア項を利用した簡単化についてのカルノー図

値表と1対1に対応するので，表3.3の変数の位置に合わせて D, C, B, A の順に作成したカルノー図を図3.11(a), (b) に示す．

図3.11(a) から，

$$Z = D\overline{C}\,\overline{B} + \overline{D}CA + \overline{D}CB \tag{3.3}$$

図3.11(b) から，ドントケア項（×印）は0でも1でよいので1とみなすと

$$Z = D + CA + CB \tag{3.4}$$

となり，明らかに式 (3.4) のほうが簡単化が進んでいることがわかる．設題の入力と出力が得られる回路構成を図3.12に示す．この図の10種類の入力スイッチを，$DCBA$ の BCD 符号へ変換する符号化回路（エンコーダ）については4.6節で述べる．

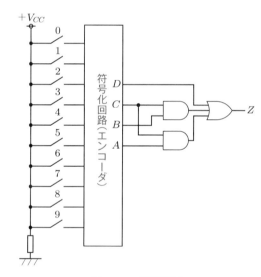

図 3.12　回路構成

例題
3.7

次式をカルノー図を用いて簡単化せよ．ただし，ドントケア項は $\overline{A}B\overline{D}$, $\overline{A}\,\overline{C}D$ とする．

$$Z = \overline{A}\,\overline{B}\,\overline{D} + AB\overline{C}D + ABCD + A\overline{B}\,\overline{C}D$$

解答　カルノー図を図3.13に示す．この図より×印を1とみなすと次式が求められる．

$$Z = \overline{C}D + \overline{A}\,\overline{D} + ABD$$

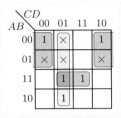

図 3.13　カルノー図

3.5 クワイン - マクラスキー法による簡単化

クワイン - マクラスキー法 (Quine–McCluskey method；**Q–M 法**) は，クワインが提案し，マクラスキーが発展させた手法である．この方式は，簡単化の過程が機械的なので，プログラム化しやすく，多変数の論理関数に適している．

カルノー図による方法は，加法標準形の最小項を平面図で表した．一方，Q–M 法では，最小項を表にして並べ，隣接する二つの最小項をすべて比較することから始めて，1 変数ずつ機械的に消去していく．簡単化の過程において，もうこれ以上簡単化できない項のことを*主項* (prime term) というが，Q–M 法はこの主項を機械的に作り出す方法である．

例 題 3.8	次式を Q–M 法で簡単化せよ．

$$Z = \overline{A}BC + AB\overline{C} + ABD + B\overline{C}D + \overline{A}C\overline{D} + AC\overline{D}$$

解 答　簡単化手順を表 3.4 に示す．

1. 加法標準形を求める．

$$Z = \overline{A}BCD + AB\overline{C}\,\overline{D} + AB\overline{C}D + \overline{A}B\overline{C}D + ABCD + \overline{A}\,\overline{B}C\overline{D}$$
$$+ \overline{A}BC\overline{D} + ABC\overline{D} + A\overline{B}C\overline{D}$$

2. 各最小項を肯定変数の個数 (1 の個数) ごとにグループ分けし，個数の小さい順に並べた表を作る．

3. 上下のグループ間ですべての組合せについて比較し，1 変数が減らせるかどうか調べる．まず，1 のグループ 1 個と 2 のグループ 4 個を比較し，次に，2 のグループ 4 個と 3 のグループ 3 個を比較し，最後に 3 のグループ 3 個と 4 のグループ 1 個を比較する．

表3.4　Q–M法による簡単化手順

1の個数	最小項	3変数項	2変数項
1	√$\bar{A}\bar{B}C\bar{D}$	√$\bar{A}C\bar{D}$	$C\bar{D}$
	√$\bar{A}BC\bar{D}$	√$BC\bar{D}$	~~$C\bar{D}$~~
2	√$\bar{A}BC\bar{D}$	√$\bar{A}BD$	BD
	√$A\bar{B}C\bar{D}$	√$B\bar{C}D$	~~BD~~
	√$\bar{A}BC\bar{D}$	√$\bar{A}BC$	BC
3	√$\bar{A}BCD$	√$BC\bar{D}$	~~BC~~
	√$AB\bar{C}D$	√$AC\bar{D}$	AB
	√$ABC\bar{D}$	√$AB\bar{C}$	~~AB~~
4	√$ABCD$	√$AB\bar{D}$	
		√BCD	
		√ABD	
		√ABC	

　このとき，1変数だけが異なる組は隣接項なので，1変数を簡単化できる．簡単化できた項は，それらを新しい項として書き出し，グループ間の比較結果を新たなグループとして区切り線を引く．また，2変数以上異なる場合は，隣接項ではないので簡単化できない．簡単化できた項には✓印をつけておく．このとき，組合せが一つも見つからなかった項 (✓印のない項) は，簡単化できない主項である．

4. 新しくできたグループの上下間について，同様に各項を比較し，1変数を簡単化する．組合せのなかった項は，同じく主項である．まず，上のグループ2個と中のグループ7個を比較し，次に，中のグループ7個と下のグループ3個を比較する．

5. このあとは上記の操作を繰り返す．すべての過程において✓印のなかった項が主項となる．この例では，2変数項の簡単化までで終了している．また，簡単化の過程で同じ変数項が出現した場合，べき等則から一つだけ残してほかは削除する．この例では，$C\bar{D}$, BD, BC, AB がそれである．

$$Z = C\bar{D} + BD + BC + AB$$

6. Q–M法は，すべての項を機械的に比較して簡単化するので，一度簡単化された項が再度簡単化される可能性があり，最終的に得られた主項のなかには重複する主項も出現することがある．この重複した項を削除するために，表3.5の最小項・主項表を作成し，すべての最小項が含まれ，かつ重複しないように主項を

拾い上げる. 主項の含まれる最小項に✓印をつけ, その中から重複しない主項 (✓印) を拾う. この表では, BC 項が重複しているのでこの項を省略することができる.

最終的に得られた論理関数は次式となる.

$$Z = C\overline{D} + BD + AB$$

表 3.5　**最小項・主項表**

最小項 ＼ 主項	$C\overline{D}$	BD	BC	AB
$\overline{A}\,\overline{B}C\overline{D}$	✓			
$\overline{A}B\overline{C}D$		✓		
$\overline{A}BC\overline{D}$	✓		✓	
$\overline{A}BCD$	✓			
$AB\overline{C}\,\overline{D}$				✓
$\overline{A}BCD$		✓	✓	
$AB\overline{C}D$		✓		✓
$ABC\overline{D}$	✓		✓	✓
$ABCD$		✓	✓	✓

例題 3.3 のカルノー図において, 最小項のまとめ方によっては簡単化された式の別解があることを示した. Q–M 法においても, 主項の拾い方によって同様の別解が存在する場合がある. たとえば, 図 3.14 のようなカルノー図では簡単化された式は次式になる.

$$Z = \overline{A}BD + ACD + A\overline{B}C \tag{3.5}$$

ここで, 式 (3.5) ですでに簡単化した 2 個の最小項 (0111 と 1111) を使用すると, 別解が次式のように得られる.

$$Z = \overline{A}BD + BCD + A\overline{B}C \tag{3.6}$$

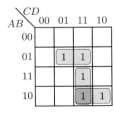

図 3.14　**別解のあるカルノー図**

表 3.6　**別解のある Q–M 法**

最小項 ＼ 主項	$\overline{A}BD$	ACD	~~BCD~~	$A\overline{B}C$
$\overline{A}B\overline{C}D$	✓			
$\overline{A}BC\overline{D}$				✓
$\overline{A}BCD$	✓		✓	
$A\overline{B}CD$		✓		✓
$ABCD$		✓	✓	

図 3.14 から得られる最小項を Q–M 法の最小項・主項表に移し替えると表 3.6 にな
る．ここで，主項 ACD を拾えば式 (3.5)，BCD を拾えば式 (3.6) となる．

3.6 ドントケア項を用いた Q–M 法による簡単化

表 3.3 について，ドントケア項を利用した Q–M 法について示す．この方法によ
る簡単化は，ドントケア項も含めた最小項のグループを構成して主項を求め，最後
に残った主項の中から，簡単化する必要のないドントケア項に関する主項を省いて
論理関数を求める．手順を以下に示す．

1. 表 3.3 より，表 3.7 の最小項の列を作成する．このとき，ドントケア項には×
   印をつけておく．

表 3.7　ドントケア項を用いた Q–M 法

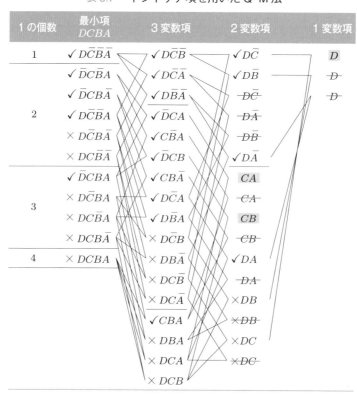

2. 上下のグループ間で，すべての組合せについて1変数を減少できるかどうか調べ，3変数項を作る．このとき，ドントケア項どうしの組合せで簡単化された項は，ドントケア項なので×印をつける．

3. 同様の手順をすべての組合せが終了するまで繰り返す．同じ項が出現した場合は，一つだけ残してほかは削除する．

4. 主項は2変数項 CA, CB と1変数項 D が残る．ドントケア項 (DB, DC) は省く．変数の減少手順が終了したあとで，最小項・主項表 (表3.8) を作成する．

5. ×印のついた最小項はドントケア項なので論理関数として構成する必要がなく，この表から省く．この例では主項の重複がないので，これ以上は簡単化できない．

表3.8　**最小項・主項表**

最小項 ＼ 主項	D	CB	CA
$D\overline{C}\,\overline{B}\,\overline{A}$	✓		
$\overline{D}C\overline{B}A$			✓
$\overline{D}CB\overline{A}$		✓	
$D\overline{C}\,\overline{B}\,\overline{A}$	✓		
$\overline{D}CBA$		✓	✓

最終的に得られた論理関数は次式である．

$$Z = D + CA + CB \tag{3.7}$$

このときの論理関数と回路構成は，当然，式 (3.4) および図 3.12 と同じである．

本章のまとめ

1. 回路構成を変形して素子数と結線数を減少させることを簡単化という．簡単化には，式 (ブール代数) を用いる方法，図 (カルノー図) を用いる方法，表 (Q–M 法) を用いる方法の3種類がある．

2. カルノー図は，真理値表を2次元の平面図として表したもので，機械的に作図できるという利点がある．ただし，小矩形のまとめ方や取り扱いには注意する必要がある．

3. 実際の回路設計においては，必ずしもすべての最小項が入力に使用されるとは限らない場合がある．そのような入力変数をドントケア項とよぶ．簡単化においては，これらの項を必要に応じて1または0として利用すれば，より簡単化が進む．

4. Q–M 法は，最小項を表にして並べ，隣接する二つの最小項をすべて比較すること

から始めて，1変数ずつ機械的に消去していく方法である．この方法は，簡単化の過程が機械的なのでプログラム化しやすく，多変数の論理関数に適している．

演習問題

3.1　次式をブール代数で簡単化せよ．

(1)　$Z = B + A\overline{B} + CA$　　　　　　(2)　$Z = A\overline{B} + \overline{A}BC + A\overline{B}D$

(3)　$Z = (A + \overline{B})(\overline{A} + B + C)$

3.2　次式をブール代数で証明せよ．

(1)　$(\overline{A} + B)(A + C) = AB + \overline{A}C$

(2)　$(A + B)(B + C)(\overline{C} + \overline{A}) = \overline{A}B + B\overline{C}$

(3)　$(A + \overline{B} + \overline{C})(\overline{A} + \overline{B} + \overline{C}) = \overline{B} + \overline{C}$

(4)　$(A + \overline{B})(B + \overline{C})(C + \overline{D}) = ABC + \overline{B}\,\overline{C}\,\overline{D} + AC\overline{D}$

(5)　$(A + D)(B + C + \overline{D}) = BD + A\overline{D} + CD$

3.3　次式をカルノー図で簡単化し，加法形と乗法形を求めて回路構成せよ．

(1)　$Z = A\overline{B} + B\overline{C} + BC + \overline{A}B$　　　(2)　$Z = AB + \overline{B}C + \overline{B}\,\overline{C}$

(3)　$Z = A\overline{B} + C + \overline{A}\,\overline{B}D + B\overline{C}D$　　(4)　$Z = A\overline{B}C + \overline{A}\,\overline{C}D + A\overline{C}$

(5)　$Z = \overline{A}\,\overline{B}\,\overline{D} + AC\overline{D} + \overline{A}BC + ABD + A\overline{B}\,\overline{C}\,\overline{D} + \overline{A}B\overline{C}D$

(6)　$Z = \overline{A}BC + \overline{A}\,\overline{B}CD + AC\overline{D}E + A\overline{B}\,\overline{C}\,\overline{D}\,\overline{E}$

3.4　次式を $\overline{Z}$ のカルノー図で簡単化し，加法形と乗法形を求めよ．

(1)　$Z = (\overline{A} + B)(\overline{B} + \overline{C})(\overline{C} + A)$　　(2)　$Z = (A + B)(\overline{B} + \overline{C})(\overline{C} + \overline{A})$

(3)　$Z = (A + B)(\overline{A} + C)(\overline{B} + D)(C + D)$

(4)　$Z = (A + B + D)(\overline{A} + C + D)(\overline{A} + \overline{C} + D)$

(5)　$Z = (\overline{A} + B + \overline{D})(\overline{B} + \overline{C} + \overline{D})(A + \overline{B} + \overline{C} + D)(\overline{A} + \overline{B} + \overline{C} + D)$

3.5　次式を Q–M 法を用いて簡単化せよ．

(1)　$Z = AB + \overline{A}B + \overline{B}C$　　　　　(2)　$Z = A\overline{B} + \overline{A}\,\overline{B} + B\overline{C}$

(3)　$Z = \overline{A}B\overline{C} + \overline{A}BCD + \overline{A}\,\overline{B}D + B\overline{C}D$

(4)　$Z = A\overline{C}D + A\overline{B}C\overline{D} + \overline{A}\,\overline{C}DE + \overline{A}\,\overline{B}C\overline{D}E$

3.6　問 3.5(3), (4) について，それぞれカルノー図を用いて簡単化せよ．ただし，ドントケア項を $A\overline{B}D$, ABC とする．

3.7　$Z = (A + B)(\overline{A} + C)(\overline{A} + D)$ について，カルノー図を用いて簡単化せよ．ただし，ドントケア項を $\overline{A}\,\overline{B}C$, $AC\overline{D}$ とする．

3.8　問 3.5(3), (4) について，それぞれ Q–M 法を用いて簡単化せよ．ただし，ドントケア項を $BC\overline{D}$, ABC とする．

3.9　問 3.7 について，Q–M 法を用いて簡単化せよ．

第4章 組合せ回路

4.1 組合せ回路とは

論理回路には，組合せ回路 (combinational logic circuit) と順序回路 (sequential logic circuit) がある．組合せ回路とは，出力がその時点の入力の組合せだけで決まる回路であり，いままでに説明してきた論理関数の簡単化と基本論理素子による回路構成は，すべてこの組合せ回路そのものである．順序回路とは，出力がその時点の入力の組合せだけでは決まらず，過去の出力状態が影響する回路である．本章では，まず組合せ回路図の構成と解析について述べる．そのうえで，具体的な組合せ回路であるコンピュータの演算装置を構成する加算器，減算器，比較器，また，データ変換に関するエンコーダ・デコーダ，マルチプレクサ・デマルチプレクサ，符号変換回路およびパリティチェック回路の設計法について述べる．また，制御装置のプログラムカウンタや命令レジスタ，記憶装置のメモリレジスタやアドレスレジスタ，演算装置の汎用レジスタ (置数器) およびアキュームレータ (累算器) などは順序回路なので，これらについては次章で述べる．

入力信号の組合せだけで出力が決まる組合せ回路の設計手順は，入出力の関係を記述した真理値表から論理関数を求め，これを簡単化して構成する．この手順をまとめると以下のようになる．

1. 設題の入出力関係を真理値表で表す．
2. 真理値表の出力 1 に着目した加法標準形，または出力 0 に着目した乗法標準形の論理関数を求める．
3. 論理関数を簡単化する．簡単化には，ブール代数，カルノー図，またはクワイン・マクラスキー法を用いる．このとき，ドントケア項を利用すれば，より簡単化が進む．
4. 基本論理素子を用いて，AND-OR 回路 (加法形) または OR-AND 回路 (乗法形) を構成する．必要であれば，NAND または NOR のみで回路構成する．

設計した組合せ回路を実現する素子には，スイッチ，リレー，IC (integrated circuit) などがあるが，ここでは IC を使用することを前提とする．一般に，使用する IC には，バイポーラ型の TTL (transistor transistor logic) またはユニポーラ型の CMOS (complementary metal oxide semiconductor) があり，IC が実用化された当時，前者はスイッチング速度は高速だが消費電力が多く，後者は速度は遅いが消費電力が少ないなどの特徴があった．その後，CMOS は欠点であった速度が改善され，低消費電力という特徴を生かせるようになって IC の主流となった．

4.2 組合せ回路の構成

4.2.1 論理回路図

2.1.4 項で，MIL 記号，すなわち AND 記号，OR 記号および状態表示記号の考え方を示した．いままでに述べた回路構成は，AND-OR または OR-AND の 2 段構成であったが，回路構成が複雑で多段構成になる場合は，とくに状態表示記号の意味をよく理解して，できるだけ正確に回路図を記述することが望ましい．

たとえば，ある論理関数を NAND のみを使用して記述するとき，図 4.1(a) ではなく，図 4.1(b) のように記述したほうがよい．図 4.1(b) では，ゲート①またはゲート②のいずれかが 0 出力 (アクティブ L)，すなわちゲート③の 2 入力のいずれかが 0 入力であれば，出力 Z_2 は 1 (アクティブ H) であることが明示されている．

一方，図 4.1(a) の Z_1 は，アクティブ出力が一見して不明である．回路の段数が少ない場合は，入力段から追跡していけば図 4.1(a) のように記述しても解析できるが，コンピュータのように複雑で多段になっている場合は難しい．図 4.1(b) のように記述すれば解析が容易であるばかりでなく，多段になっていても各ゲートの入力と出力のアクティブ状態が一目瞭然なので，故障診断においても有効である．ただし，1 本の制御線 C で入力 D_0 を Z_1 または Z_2 のいずれかに出力する場合 (図 4.1(c))

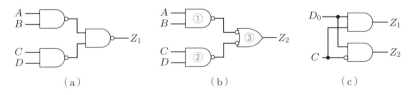

図 4.1　MIL 記号の使用例

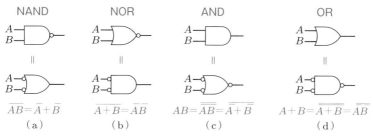

NAND NOR AND OR

$$\overline{AB}=\overline{A}+\overline{B}$$
（a）

$$\overline{A+B}=\overline{A}\overline{B}$$
（b）

$$AB=\overline{\overline{AB}}=\overline{\overline{A}+\overline{B}}$$
（c）

$$A+B=\overline{\overline{A+B}}=\overline{\overline{A}\overline{B}}$$
（d）

図 4.2 基本論理素子の MIL 記号表示

などのように，これらの記述があてはまらない場合もある．

アクティブ状態を記述するときの基本論理素子の MIL 記号表示を，図 4.2 に示す．これらはド・モルガンの定理から容易に得られることがわかる．

4.2.2　多段回路の構成

(1)　AND-OR 構成

加法形の論理関数は，AND 項の OR 接続なので 2 段構成になることは前述したとおりである．これから多段の回路構成を得るには，この関数を変形すればよい．

例 題 4.1　次に示す 2 段の論理関数から，3 段，4 段回路を構成せよ．

$$2段：Z = ABD + CD + DF + EF$$

解 答　関数を次のように変形する．回路構成を図 4.3(a), (b), (c) に示す．

$$3段：Z = ABD + CD + (D+E)F$$
$$4段：Z = (AB+C)D + (D+E)F$$

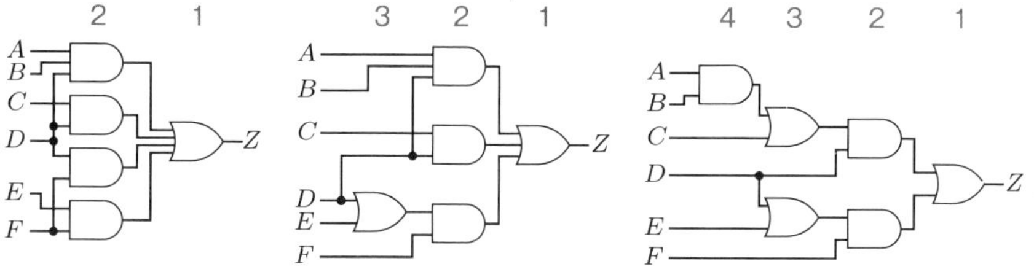

（a）2 段   （b）3 段   （c）4 段

図 4.3 多段回路構成

(2) NAND 構成

NAND ゲートは完全系なので，それだけでどのような関数でも構成することができる．MIL 記号を使用すれば，加法形の論理関数は AND-OR 回路から 2 段構成になるので，NAND ゲートのみによる回路構成を容易に得ることができる．図 4.3 の加法形を NAND ゲートのみで構成した回路を図 4.4(a), (b), (c) に示し，変換手順について述べる．

1. 図 4.4 のように出力段を 1 段として，入力方向へ 2, 3, 4 段とする．

2. 変換は，入力側からでなく出力側の 1 段のほうから行う．偶数段のゲート出力と奇数段のゲート入力を結ぶ線は，論理状態が同じなので，図 4.4(a) のように状態表示記号を追加するだけで NAND 回路が得られる．

3. 図 4.4(c) の①と②のゲートを NAND に変換したとき，入力 C, D, E は元の AND-OR 回路と論理が合わなくなるので，図のようにインバータを追加して合致させなければならない．図 4.4(b) のゲート③も同様である．

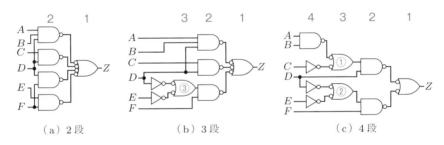

図 4.4 　加法形の NAND 構成

(3) NOR 構成

NOR ゲートも完全系なので，それだけですべての関数を構成することができる．乗法形の論理関数は，OR-AND 回路からなる 2 段構成になるので，NOR ゲートのみによる回路構成を容易に得ることができる．まず，乗法形の論理関数を求め，次に NAND 構成の場合と同様の考え方で，論理が合うように状態表示記号とインバータを追加する．

> **例題 4.2** 次式の乗法形を OR-AND 構成し，それを NOR のみで示せ.
>
> $$Z = (A + B + D)(C + D)$$

解答 OR-AND 構成は図 4.5(a) なので，これから NOR 構成の図 4.5(b) が得られる．

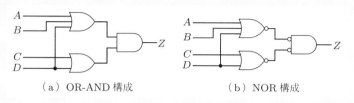

（a）OR-AND 構成 （b）NOR 構成

図 4.5　乗法形の NOR 構成

例 題 4.3 図 4.3(c) の加法形を NOR のみで示せ．

解答 加法形を NOR で直接に変換するには，まず偶数段を NOR に変換し，最終出力段にインバータを追加する．回路構成を図 4.6 に示す．

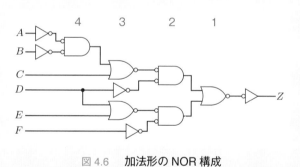

図 4.6　加法形の NOR 構成

---

(4) 回路図の解析

　回路図から論理関数を求める場合について述べる．もっとも簡単な回路は，加法形または乗法形で記述された回路である．この場合は，回路図の入力側から出力側に向かって各ゲート出力をそのまま関数に書いていけばよい．論理関数を求めるのが難しいのは，MIL 記号を適切に使用していない回路，たとえば，NAND またはNOR のみで書かれているような回路図である．このような場合は，加法形または乗法形の論理関数を NAND または NOR のみの回路構成で記述した手順と，まったく逆の手順を行う．

<table>
<tr><td>例 題
4.4</td><td>図 4.7(a) に示す NAND のみによる回路構成の論理関数を求めよ.</td></tr>
</table>

解答　入力段から NAND の式として機械的に回路を構成すると, NOT の NOT がたくさん出現して複雑になる. このような場合は, 論理関数の求めやすい AND-OR 構成に一度変換してから求める. 手順は次のとおりである.

1. 状態表示記号を使用して, 図 4.7(b) のように奇数段を変更する.
2. 状態表示記号を削除し, 図 4.7(c) の AND-OR 回路に変換する. このとき, 図 4.7(a) の 3 段目の AND 記号が図 4.7(c) の OR 記号に変わり, 論理が変化するので, C と E の入力にインバータを追加する.
3. 入力側から各ゲートを AND-OR 構成の論理関数として記述し, 簡単化する.

$$Z = (AB + \overline{C})D + (AB + \overline{C})(AB + \overline{E})$$
$$= ABD + \overline{C}D + AB + AB\overline{E} + AB\overline{C} + \overline{C}\,\overline{E}$$
$$= AB(D + 1 + \overline{E} + \overline{C}) + \overline{C}D + \overline{C}\,\overline{E} = AB + \overline{C}D + \overline{C}\,\overline{E}$$

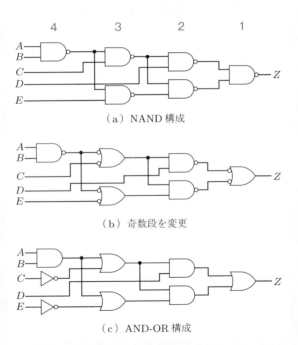

（a）NAND 構成

（b）奇数段を変更

（c）AND-OR 構成

図 4.7　NAND 構成の加法形への変換

また，NOR のみで構成された回路図の解析は，同様の考え方で，まず OR-AND
構成に変換してから論理関数を求めればよい．

4.3 加算器

4.3.1 半加算器

半加算器 (half adder；HA) とは，前の段からのけた上がり (carry) を考慮しない
加算器で，2 進数 1 けたの和 (sum) と次の段へのけた上がりが得られる．これは，
この次に示す全加算器の設計に利用する．

例題 4.5
1 ビットの半加算器を設計せよ．

解答 1 ビットのデータ A, B が 0 または 1 をとり，それ
らの和を S，けた上がりを C としたときの真理値表を表 4.1
に示す．

この表から，S の加法形と乗法形および C を求めると次の
ようになる．

$$S = \overline{A}B + A\overline{B} = A \oplus B = \overline{AB}(A + B) \tag{4.1}$$

$$C = AB \tag{4.2}$$

表 4.1 **半加算器の真理値表**

A	B	S	C
0	0	0	0
0	1	1	0
1	0	1	0
1	1	0	1

これを回路構成すると，図 4.8(a) または図 4.8(b) となる．これは全加算器の設計
に利用される．そのときの記号を図 4.8(c) に示す．

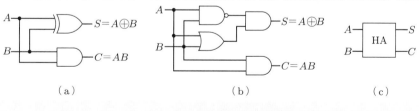

（a）　　　　　　　　　　　（b）　　　　　　　　　　　（c）

図 4.8 **半加算器の回路構成**

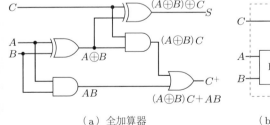

4.3.2 全加算器

全加算器 (full adder；FA) は，前の段からのけた上がりを考慮する加算器で，これがコンピュータの演算装置に使用される．

例題
4.6

1ビットの全加算器を設計せよ．

解答 1ビットのデータを A, B とし，前の段からのけた上がりを C およびそれらの和を S とする．出力である次段へのけた上がりを C^+ とすると，真理値表は表4.2のようになる．この表から加法標準形を求め，Exclusive OR $(A \oplus B)$ が出現するように変形する．

$$S = \overline{A}\,\overline{B}C + \overline{A}B\overline{C} + A\overline{B}\,\overline{C} + ABC$$
$$= C(\overline{A}\,\overline{B} + AB) + \overline{C}(\overline{A}B + A\overline{B})$$
$$= C(\overline{A \oplus B}) + \overline{C}(A \oplus B)$$
$$= C \oplus (A \oplus B) \tag{4.3}$$
$$C^+ = \overline{A}BC + A\overline{B}C + AB\overline{C} + ABC$$
$$= C(\overline{A}B + A\overline{B}) + AB(\overline{C} + C)$$
$$= C(A \oplus B) + AB \tag{4.4}$$

表 4.2　**全加算器の真理値表**

A	B	C	S	C^+
0	0	0	0	0
0	0	1	1	0
0	1	0	1	0
0	1	1	0	1
1	0	0	1	0
1	0	1	0	1
1	1	0	0	1
1	1	1	1	1

これを回路構成すると図 4.9(a) になる．これは半加算器2個で構成されているので，図 4.9(b) のように示される．

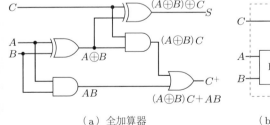
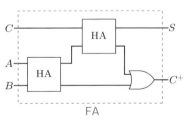

（a）全加算器　　　　　　　　　（b）半加算器による全加算器

図 4.9　**全加算器の回路構成**

4.3.3 4ビット並列加算器

並列加算器は，基本的には図 4.10 のように全加算器 (FA) を必要なビット数だけ並べ，前の段からのけた上がり出力を次段のけた上がり入力に接続する．たとえば，演算に使用する 4 ビットデータの被加数 (0101) と加数 (0011) が，それぞれレジスタ A とレジスタ B に置かれているとすると，演算結果が置かれるアキュームレータの和 ($S = 1000$) とけた上がりが図 4.10 のように得られる．最下位けたの FA$_0$ では，1 ビットの $A_0 = 1$ と $B_0 = 1$ および前段からのけた上がり $C^- = 0$ が加算され，和 $S_0 = 0$ とけた上がり $C_0 = 1$ が得られる．同様の処理が FA$_1$, FA$_2$, FA$_3$ で行われ，和 ($S = 1000$) と次段へのけた上がり $C_3 = 0$ が得られる．この計算例からわかるように，この加算器は，下位けたのけた上がりが確定しないと上位けたの計算ができず，下位ビットのけた上がりが伝搬 (リップルキャリィ) して最後のけた上がり C_3 が得られるまでに，多大な時間 (けた上げ伝搬時間) を要するという欠点がある．通常の加算器は，次に述べるけた上げ先取り回路を付加して高速に処理している．

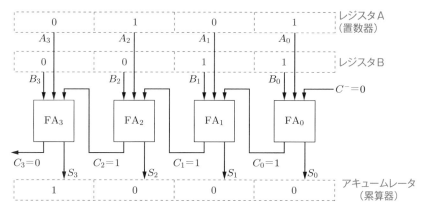

図 4.10　4 ビット並列加算器 (リップルキャリィ型)

4.3.4 けた上げ先取り回路 (キャリィルックアヘッド型)

図 4.9(b) に示される全加算器において，入力データを A_0, B_0 とし，前の段からのけた上がりを C^- とすると，次段へのけた上がり C_0 は，式 (4.4) より次式のように求められる．

$$C_0 = C^-(A_0 \oplus B_0) + A_0 B_0 \tag{4.5}$$

同様に入力データを A_1, B_1 とし，前の段からのけた上がりを C_0 とすると，次段へのけた上がり C_1 は

$$C_1 = C_0(A_1 \oplus B_1) + A_1 B_1 \tag{4.6}$$

この式に式 (4.5) の C_0 を代入すると C_1 が求められる．

$$
\begin{aligned}
C_1 &= (C^-(A_0 \oplus B_0) + A_0 B_0)(A_1 \oplus B_1) + A_1 B_1 \\
&= C^-(A_0 \oplus B_0)(A_1 \oplus B_1) + A_0 B_0(A_1 \oplus B_1) + A_1 B_1
\end{aligned} \tag{4.7}
$$

同様の手順で，C_2, C_3 を以下のように求めることができる．

$$
\begin{aligned}
C_2 &= C_1(A_2 \oplus B_2) + A_2 B_2 \\
&= C^-(A_0 \oplus B_0)(A_1 \oplus B_1)(A_2 \oplus B_2) \\
&\quad + A_0 B_0(A_1 \oplus B_1)(A_2 \oplus B_2) \\
&\quad + A_1 B_1(A_2 \oplus B_2) \\
&\quad + A_2 B_2
\end{aligned} \tag{4.8}
$$

$$
\begin{aligned}
C_3 &= C_2(A_3 \oplus B_3) + A_3 B_3 \\
&= C^-(A_0 \oplus B_0)(A_1 \oplus B_1)(A_2 \oplus B_2)(A_3 \oplus B_3) \\
&\quad + A_0 B_0(A_1 \oplus B_1)(A_2 \oplus B_2)(A_3 \oplus B_3) \\
&\quad + A_1 B_1(A_2 \oplus B_2)(A_3 \oplus B_3) \\
&\quad + A_2 B_2(A_3 \oplus B_3) \\
&\quad + A_3 B_3
\end{aligned} \tag{4.9}
$$

各けた上がり C_0, C_1, C_2, C_3 を回路構成すると図 4.11 が得られ，最終段の C_3 は，けた上がりの伝搬を待つことなく C^- と入力データのみで決まることがわかる．この C_3（式 (4.9)）が，4 ビット全加算器のけた上げ先取り回路である．

また，各ビットの和 S は，入力 A, B と前段からのけた上がり C を用いて，式 (4.3) より S_0, S_1, S_2, S_3 が図 4.11 のように求められる．

FA の前段の HA を図 4.8(b) で構成してみる．式 (4.1) より，$A \oplus B = \overline{AB}(A + B)$ なので，

$$
\begin{aligned}
\overline{C_0} &= \overline{C^-(A_0 \oplus B_0) + A_0 B_0} \\
&= \overline{C^-(\overline{A_0 B_0}(A_0 + B_0)) + A_0 B_0} \\
&= (\overline{C^-} + (\overline{\overline{A_0 B_0}(A_0 + B_0)}))\overline{A_0 B_0}
\end{aligned}
$$

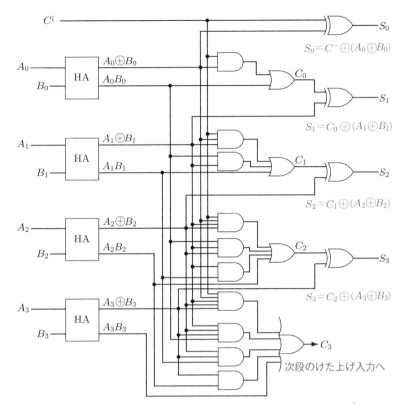

図 4.11　けた上げ先取り回路付 4 ビット全加算器の回路構成

$$= \overline{\overline{C^-}\ \overline{A_0 B_0} + (\overline{A_0 + B_0})\overline{A_0 B_0}} \tag{4.10}$$

となる．同様の手順で $\overline{C_1}$, $\overline{C_2}$, $\overline{C_3}$ を求めると，次のようになる．

$$
\begin{aligned}
\overline{C_1} &= \overline{C_0}\ \overline{A_1 B_1} + (\overline{A_1 + B_1})\overline{A_1 B_1} \\
&= \overline{C^-}\ \overline{A_0 B_0}\ \overline{A_1 B_1} \\
&\quad + (\overline{A_0 + B_0})\overline{A_0 B_0}\ \overline{A_1 B_1} \\
&\quad + (\overline{A_1 + B_1})\overline{A_1 B_1}
\end{aligned} \tag{4.11}
$$

$$
\begin{aligned}
\overline{C_2} &= \overline{C_1}\ \overline{A_2 B_2} + (\overline{A_2 + B_2})\overline{A_2 B_2} \\
&= \overline{C^-}\ \overline{A_0 B_0}\ \overline{A_1 B_1}\ \overline{A_2 B_2} \\
&\quad + (\overline{A_0 + B_0})\overline{A_0 B_0}\ \overline{A_1 B_1}\ \overline{A_2 B_2} \\
&\quad + (\overline{A_1 + B_1})\overline{A_1 B_1}\ \overline{A_2 B_2} \\
&\quad + (\overline{A_2 + B_2})\overline{A_2 B_2}
\end{aligned} \tag{4.12}
$$

$$\overline{C_3} = \overline{C_2} \, \overline{A_3 B_3} + \overline{(A_3 + B_3)} \overline{A_3 B_3}$$

$$= \overline{C^-} \, \overline{A_0 B_0} \, \overline{A_1 B_1} \, \overline{A_2 B_2} \, \overline{A_3 B_3}$$

$$\quad + \overline{(A_0 + B_0)} \overline{A_0 B_0} \, \overline{A_1 B_1} \, \overline{A_2 B_2} \, \overline{A_3 B_3}$$

$$\quad + \overline{(A_1 + B_1)} \overline{A_1 B_1} \, \overline{A_2 B_2} \, \overline{A_3 B_3}$$

$$\quad + \overline{(A_2 + B_2)} \overline{A_2 B_2} \, \overline{A_3 B_3}$$

$$\quad + \overline{(A_3 + B_3)} \overline{A_3 B_3} \tag{4.13}$$

各式の NOT をとって NOR で構成すれば，各 C_0, C_1, C_2, C_3 が得られる．たとえば，C_0 は次式になる．

$$C_0 = \overline{\overline{C_0}} = \overline{\overline{C^-} \, \overline{A_0 B_0} + \overline{(A_0 + B_0)} \overline{A_0 B_0}} \tag{4.14}$$

回路構成を図 4.12 に示す．なお，S_0, S_1, S_2, S_3 は図 4.11 と同じである．

⟦4.3.5⟧ オーバフロー検出回路

図 1.15 と図 1.16 に，符号付き 2 進数 4 ビットの加算と減算 (補数加算) を示した．符号部を 1 ビット，数値部を 3 ビットとすると，このレジスタには，−8 から +7 までの数値しか置けなかった．オーバフローは，この範囲外の答えが得られたときに生じるものである．オーバフローがある場合とない場合の加算例を図 4.13 に示す．数値部の最上位けたを MSB (most significant bit)，最下位けたを LSB (least significant bit) という．加算は図 4.13 のように，数値部だけでなく符号部も同時に行う．図 4.13(a), (b) は，符号ビットと MSB からのけた上がりがともにないか，またはともにある場合で，正しい答えが得られている．これに対して，図 4.13(c), (d) は，符号ビットまたは MSB のいずれかのみからけた上がりがある場合で，このときオーバフローとなっていることがわかる．すなわち，オーバフローの検出は，MSB と符号ビットからのけた上がりの Exclusive OR 演算によって得られる出力に相当する．したがって，オーバーフロー検出回路は，たとえば 4 ビット全加算器で考えると，図 4.12 の C_2 と C_3 を使って図 4.14 のように構成される．

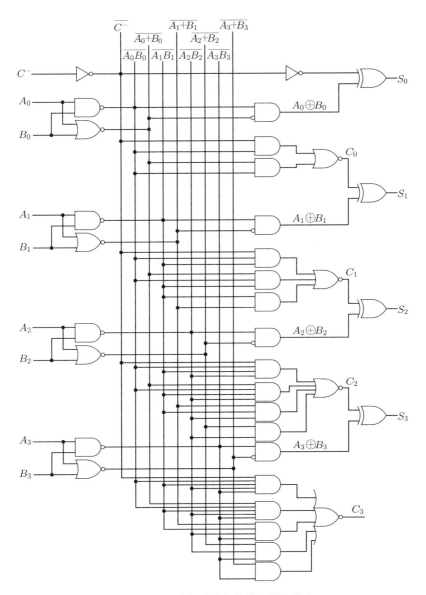

図 4.12　4 ビット全加算器の回路構成

$$
\begin{array}{r}
+5 \\
+)\ +1 \\
\hline
+6
\end{array}
$$

MSB
符号｜LSB

$$
\begin{array}{r}
0101 \\
+)\ 0001 \\
\hline
0110\cdots 正答
\end{array}
$$
×　×

（a）符号ビットと MSB からのけた上がりが
　　ともにない場合

$$
\begin{array}{r}
-3 \\
-)\ -2 \\
\hline
-5
\end{array}
\qquad
\begin{array}{r}
1101 \\
+)\ 1110 \\
\hline
1\,1011\cdots 正答
\end{array}
$$
○　○

（b）符号ビットと MSB からのけた上がりが
　　ともにある場合

$$
\begin{array}{r}
+5 \\
+)\ +4 \\
\hline
-7
\end{array}
\qquad
\begin{array}{r}
0101 \\
+)\ 0100 \\
\hline
1001\cdots オーバフロー
\end{array}
$$
×　○

（c）符号ビットまたは MSB のいずれかのみ
　　からけた上がりがある場合

$$
\begin{array}{r}
-5 \\
-)\ -4 \\
\hline
+7
\end{array}
\qquad
\begin{array}{r}
1011 \\
+)\ 1100 \\
\hline
1\,0111\cdots オーバフロー
\end{array}
$$
○　×

（d）符号ビットまたは MSB のいずれかのみ
　　からけた上がりがある場合

図 4.13　　符号付き 2 進数 4 ビットの加算

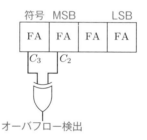

図 4.14　　オーバフロー検出回路の構成

4.4　減算器

　減算は，図 1.16 で示したように補数加算で行う．補数加算とは，被減数に減数の 2 の補数を加えることである．2 の補数は，元の数の 1 の補数をとって，それに $+1$ すれば求められるので，補数加算は，まず減数の 1 の補数 (反転) をとり，それを全加算器に入力して被減数に加算し，さらに最下位けたに $+1$ するという手順で行う．このとき，全加算器の最下位けたのけた上げ入力端子 (C^-) を，この $+1$ の入力端子として利用する．コンピュータの中を流れる情報は，命令とデータのいずれかである．たとえば，$(+5)-(+3)$ のプラスはデータで，マイナスは引けという命令である．加算と減算のいずれの命令を行うかは，それを実行させる制御線によって指令する．加算の場合は，レジスタ A の内容にレジスタ B の内容をそのまま加えるが，減算の場合は，レジスタ B の内容を反転させて加えるとともに，C^- に $+1$ するという操作 (2 の補数) を行う．制御線 C が 1 のとき加算 (ADD)，0 のとき減算

($\overline{\text{SUB}}$) とすると，1 ビット入力 B と補数器出力 B' の関係を表す真理値表は表 4.3 になる．すなわち，加算 ($C = 1$) は入力 B と同じ値を出力し，減算 ($C = 0$) は入力 B を反転して出力する．この表から，次式の Exclusive NOR が得られる．

$$B' = BC + \overline{B}\,\overline{C} = \overline{B \oplus C} \tag{4.15}$$

これを 4 ビットで回路構成すると図 4.15 になる．これを 1 の補数器という．これを用いて構成した 4 ビット加減算器を図 4.16 に示す．全加算器の最下位けたの入力 C^- には NOT があるので，減算 ($\overline{\text{SUB}} = 0$) のときは $+1$ する (2 の補数をとる) ための 1 が，加算 ($\text{ADD} = 1$) のときは 0 が，それぞれ入力されていることがわかる．

表 4.3　1 の補数器の真理値表

入力	制御	出力	
B	C	B'	
0	1	0	⎫ 入力 B と
1	1	1	⎬ 同じ出力
0	0	1	⎫ 入力 B の
1	0	0	⎬ 反転出力

$C = 1$：加算 (ADD)
$C = 0$：減算 (SUB)

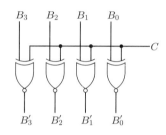

図 4.15　4 ビット補数器の回路構成

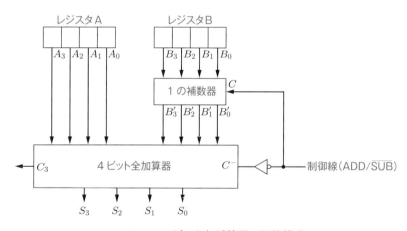

図 4.16　4 ビット加減算器の回路構成

4.5 比較器

二つの数値データ A, B を比較して $A > B$, $A = B$, $A < B$ のとき，それぞれ $Z = 1$ を出力する回路を比較器 (comparator) という．

| 例題 4.7 | 1ビットデータの A と B を比較し，$A > B$ のとき $Z_0 = 1$，$A = B$ のとき $Z_1 = 1$，$A < B$ のとき $Z_2 = 1$ となる比較器を設計せよ． |

解答 設題より，表 4.4 を得る．この表より，次式の各論理関数と図 4.17 の回路図が得られる．

$$Z_0 = A\overline{B}$$
$$Z_1 = \overline{A}\,\overline{B} + AB = \overline{A \oplus B} = \overline{\overline{A}B + A\overline{B}}$$
$$Z_2 = \overline{A}B$$

表 4.4　**1ビット比較器の真理値表**

A	B	Z_0	Z_1	Z_2
0	0	0	1	0
0	1	0	0	1
1	0	1	0	0
1	1	0	1	0

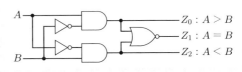

図 4.17　**1ビット比較器の回路構成**

| 例題 4.8 | 2ビットデータの A と B を比較し，$A > B$ のとき $Z_0 = 1$，$A = B$ のとき $Z_1 = 1$，$A < B$ のとき $Z_2 = 1$ となる比較器を設計せよ． |

解答 図 4.17 を 2 個並列に並べて，比較した結果が大きい場合，等しくなる場合および小さい場合の条件をゲート構成する．

$A > B$ は，上位ビットが $A_1 > B_1$ のとき，または上位ビットが $A_1 = B_1$ でかつ下位ビットが $A_0 > B_0$ のときである．

$A = B$ は，上位ビットが $A_1 = B_1$ で，かつ下位ビットが $A_0 = B_0$ のときである．

$A < B$ は，上位ビットが $A_1 < B_1$ のとき，または，上位ビットが $A_1 = B_1$ でかつ下位ビットが $A_0 < B_0$ のときである．

図 4.18 に回路構成を示す．

また，同様の考え方を 4 ビット比較器に拡張すると，図 4.19 になる．この図では，比較器をさらに拡張できるように，下位ビットからの比較結果入力である $A^- > B^-$，$A^- = B^-$，$A^- < B^-$ も示してある．

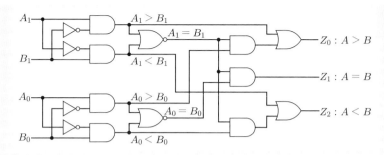

図 4.18　2 ビット比較器の回路構成

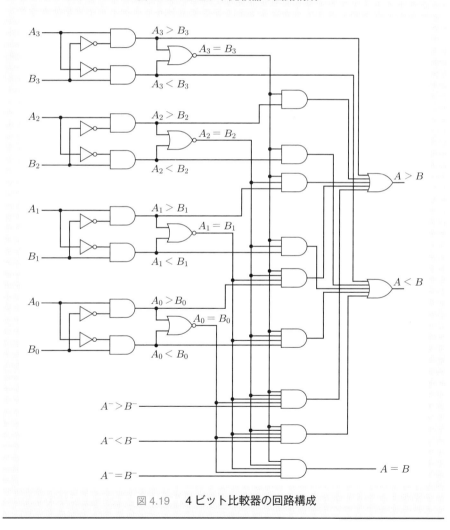

図 4.19　4 ビット比較器の回路構成

4.6 エンコーダとデコーダ

エンコーダ (encoder；符号器) は，図 4.20 に示すように，複数の入力のうちのどれか一つを 2 進符号に変換して出力する回路で，10 キーエンコーダや優先順位付きのプライオリティエンコーダ (priority encoder) がある．プライオリティエンコーダとは，2 個以上が同時に入力されたときに，優先権が上位である入力に対してのみ符号を出力する回路で，コンピュータの割り込み処理の優先順位を決定する回路としてよく用いられる．また，デコーダ (decoder；復号器) は，図 4.20 のようにエンコーダとは逆に，複数ビットの 2 進符号に対応する一つの出力をアクティブ状態にするものである．このデコーダは，コンピュータの制御装置にある命令レジスタの命令部の解読にも使用されるので解読器ともいう．これらは，符号変換回路の一種でもある．

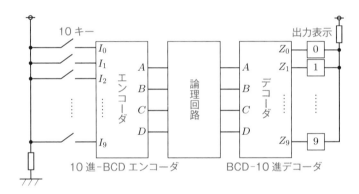

図 4.20　エンコーダとデコーダ

例題 4.9

2 ビットエンコーダを構成せよ．

解答　真理値表を表 4.5 に示す．この表から，次式の論理関数が求められる．回路構成を図 4.21 に示す．

表 4.5　2 ビットエンコーダの真理値表

I_3	I_2	I_1	I_0	Z_1	Z_0
0	0	0	1	0	0
0	0	1	0	0	1
0	1	0	0	1	0
1	0	0	0	1	1

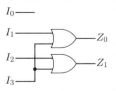

図 4.21　2 ビットエンコーダの回路構成

$$Z_0 = I_1 + I_3, \qquad Z_1 = I_2 + I_3$$

例 題 4.10 8 入力 3 出力のプライオリティエンコーダを設計せよ.

解 答 例題 4.9 では入力 I_0 は無意味になっているが，ここでは，これを入力情報として利用する場合についても示す．設題は 8 入力なので，これらを 10 進数の 0 から 7 に対応させる．このときの優先順位は，大きい数値ほど高いものとする．入出力の真理値表を表 4.6 に示す．ただし，符号 Z_0 を下位ビットとし，$\overline{EI}$ (enable input) 端子がアクティブ L で，かつ入力のどれか一つがアクティブ H のときに有効な符号が出力されるものとする．たとえば，表の入力 I_6 が 1 のときの入力 $I_0 \sim I_5$ は，I_6 に優先権があるのでドントケア項 (×印) としてよいが，I_6 より優先権の高い I_7 は 0 でなければならないことを示している．入力がないとき (表の最上段) と入力 I_0 があるとき (表の最下段) の出力状態が同じになる ($Z_0 = Z_1 = Z_2 = 0$) 場合を区別するために，GS (gate selection) 端子を設けている．すなわち，$GS = 0$ のときの $Z_0 = Z_1 = Z_2 = 0$ は無効な符号で，$GS = 1$ のときの $Z_0 = Z_1 = Z_2 = 0$ が有効な符号である．

表 4.6　8 入力 3 出力プライオリティエンコーダの真理値表

$\overline{EI}$	I_0	I_1	I_2	I_3	I_4	I_5	I_6	I_7	Z_2	Z_1	Z_0	GS
1	×	×	×	×	×	×	×	×	0	0	0	0
0	×	×	×	×	×	×	×	1	1	1	1	1
0	×	×	×	×	×	×	1	0	1	1	0	1
0	×	×	×	×	×	1	0	0	1	0	1	1
0	×	×	×	×	1	0	0	0	1	0	0	1
0	×	×	×	1	0	0	0	0	0	1	1	1
0	×	×	1	0	0	0	0	0	0	1	0	1
0	×	1	0	0	0	0	0	0	0	0	1	1
0	1	0	0	0	0	0	0	0	0	0	0	1

この表より，優先順位を考慮して論理関数を求めると次式が得られる.

$$Z_2 = (I_7 + I_6 + I_5 + I_4)\overline{EI} \tag{①}$$
$$Z_1 = (I_7 + I_6 + \overline{I_5}\,\overline{I_4}I_3 + \overline{I_5}\,\overline{I_4}I_2)\overline{EI} \tag{②}$$
$$Z_0 = (I_7 + \overline{I_6}I_5 + \overline{I_6}\,\overline{I_4}I_3 + \overline{I_6}\,\overline{I_4}\,\overline{I_2}I_1)\overline{EI} \tag{③}$$

式②の $\overline{I_5}\,\overline{I_4}I_3$ は，たとえば，I_5, I_4 と I_3 を同時に入力したときに，優先順位の高い I_5 と I_4 がアクティブ H になるのを禁止することを示している.

なお，式①，②，③の求め方は次のとおりである．

例題 2.6(4) の $A + \overline{A}B = A + B$ を用いると $I_7 + \overline{I}_7 I_6 = I_7 + I_6$ となる．これを用いると，表 4.6 の $Z_2 = 1$ に着目して，Z_2 は次のようになる．

$$Z_2 = I_7 + \overline{I}_7 I_6 + \overline{I}_7 \overline{I}_6 I_5 + \overline{I}_7 \overline{I}_6 \overline{I}_5 I_4 = I_7 + I_6 + \overline{I}_7 \overline{I}_6 I_5 + \overline{I}_7 \overline{I}_6 \overline{I}_5 I_4$$

また，$I_7 + \overline{I}_7 \overline{I}_6 I_5 = I_7 + \overline{I}_6 I_5$，$I_6 + \overline{I}_6 I_5 = I_6 + I_5$ となる．同様に $\overline{I}_7 \overline{I}_6 \overline{I}_5 I_4$ も簡単化されて I_4 となり，式①が求められる．

Z_1 は，$AB + \overline{A}BC = AB + BC$ を用いると，表 4.6 の $Z_1 = 1$ に着目して次のようになる．

$$Z_1 = I_7 + \overline{I}_7 I_6 + \overline{I}_7 \overline{I}_6 \overline{I}_5 \overline{I}_4 I_3 + \overline{I}_7 \overline{I}_6 \overline{I}_5 \overline{I}_4 \overline{I}_3 I_2 = I_7 + I_6 + \overline{I}_5 \overline{I}_4 I_3 + \overline{I}_5 \overline{I}_4 I_3 I_2$$

ここで，$I_3 = A$，$\overline{I}_5 \overline{I}_4 = B$，$I_2 = C$ とおくと $\overline{I}_5 \overline{I}_4 I_3 + \overline{I}_5 \overline{I}_4 \overline{I}_3 I_2 = \overline{I}_5 \overline{I}_4 I_3 + \overline{I}_5 \overline{I}_4 I_2$ となり，式②が得られる．同様の考え方で式③が求められる．

このプライオリティエンコーダの回路構成を図 4.22 に示す．

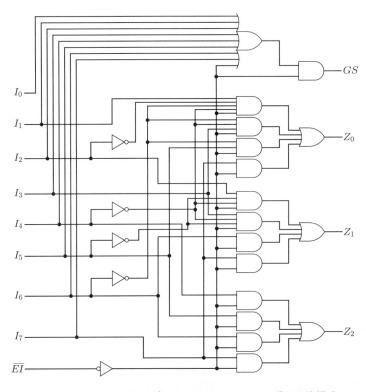

図 4.22　8 入力 3 出力プライオリティエンコーダの回路構成

例 題 4.11	2 ビットデコーダを構成せよ.

解 答 真理値表を表 4.7 に示す. 2 入力 A, B が入力されたとき, その符号に対応する出力ゲートのみがアクティブであるためには, 2 入力の組合せだけでデコーダを構成すればよい. 回路構成を図 4.23 に示す.

表 4.7 　2 ビットデコーダの真理値表

B	A	Z
0	0	Z_0
0	1	Z_1
1	0	Z_2
1	1	Z_3

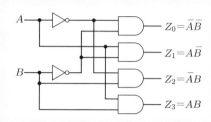

図 4.23 　2 ビットデコーダの回路構成

例 題 4.12	図 4.20 に示した BCD-10 進デコーダを設計せよ.

解 答 例題 4.11 と同様に 4 入力の組合せだけで構成してもよいが, ここでは簡単化する. 真理値表を表 4.8 に示す. 下位ビットを A とする A, B, C, D を入力変数とし, Z を出力とした真理値表を考える. 各出力 Z_0, Z_1, $\cdots$, Z_9 が 1 であるときの論理関数を求めるが, これらは互いに排他的なので, 一つのカルノー図上に表示できる. 下位ビットを A, 上位ビットを D として表 4.8 を作成したので, カルノー図の

表 4.8 　BCD-10 進デコーダの真理値表

D	C	B	A	Z
0	0	0	0	Z_0
0	0	0	1	Z_1
0	0	1	0	Z_2
0	0	1	1	Z_3
0	1	0	0	Z_4
0	1	0	1	Z_5
0	1	1	0	Z_6
0	1	1	1	Z_7
1	0	0	0	Z_8
1	0	0	1	Z_9

DC ＼ BA	00	01	11	10
00	Z_0	Z_1	Z_3	Z_2
01	Z_4	Z_5	Z_7	Z_6
11	×	×	×	×
10	Z_8	Z_9	×	×

図 4.24 　BCD-10 進デコーダのカルノー図

4.6 エンコーダとデコーダ 　87

DC と BA の位置は，真理値表の変数の順に合わせる．このように，実用回路では下位ビットの位置を考えて設計しなければならない．ドントケア項も含めたカルノー図を図 4.24 に示す．

図 4.24 より次式が求められる．

$$Z_0 = \overline{D}\,\overline{C}\,\overline{B}\,\overline{A}, \qquad Z_1 = \overline{D}\,\overline{C}\,\overline{B}A, \qquad Z_2 = \overline{C}B\overline{A}, \qquad Z_3 = \overline{C}BA,$$
$$Z_4 = C\overline{B}\,\overline{A}, \qquad Z_5 = C\overline{B}A, \qquad Z_6 = CB\overline{A}, \qquad Z_7 = CBA,$$
$$Z_8 = D\overline{A}, \qquad Z_9 = DA$$

回路構成を図 4.25 に示す．

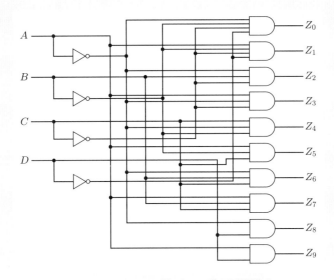

図 4.25 　BCD-10 進デコーダの回路構成

例題 4.13 　3 ビットの 2 進-グレイ符号変換回路を設計せよ．

解 答 　入力 A を下位ビットとする 2 進符号から，グレイ符号 G を得るための真理値表を表 4.9 に示す．また，出力 G_0 を下位ビットとする各出力のカルノー図を図 4.26 に示す．カルノー図から次式と図 4.27 の回路構成が求められる．この回路は図 1.18(a) の変換操作と一致している．

$$G_0 = \overline{A}B + A\overline{B} = A \oplus B$$
$$G_1 = \overline{C}B + C\overline{B} = B \oplus C$$
$$G_2 = C$$

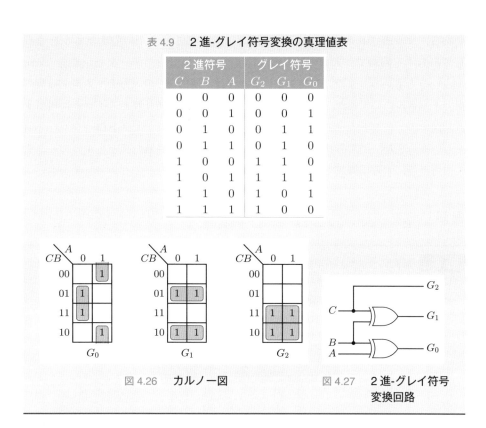

表 4.9　2進-グレイ符号変換の真理値表

2進符号			グレイ符号		
C	B	A	G_2	G_1	G_0
0	0	0	0	0	0
0	0	1	0	0	1
0	1	0	0	1	1
0	1	1	0	1	0
1	0	0	1	1	0
1	0	1	1	1	1
1	1	0	1	0	1
1	1	1	1	0	0

図 4.26　カルノー図

図 4.27　2進-グレイ符号変換回路

4.7　マルチプレクサとデマルチプレクサ

マルチプレクサ (multiplexer) とデマルチプレクサ (demultiplexer) の関係を図 4.28 に示す. これは 1 チャネルを 8 ビットとして 4 チャネルを構成したもの

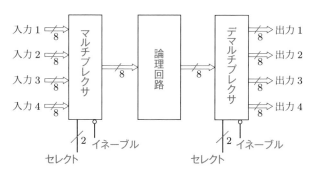

図 4.28　マルチプレクサとデマルチプレクサ

である．マルチプレクサは，複数の入力チャネルの中から一つのチャネルを選択して出力する回路で，入力の切り替えスイッチに相当し，データセレクタ (data selector) ともいう．また，デマルチプレクサは，逆に一つの入力チャネルを複数の出力チャネルのいずれか一つに出力する回路で，出力の切り替えスイッチに相当する．図中のセレクト (select) 端子は，切り替え指令用の端子でストローブ (strobe) ともいう．また，イネーブル (enable) 端子は，セレクトされたチャネルのデータを入出力可能にする制御線である．

例題 4.14 1ビット4チャネルのマルチプレクサを示せ．

解答 選択すべきチャネル数が4なので，セレクト端子は2ビット必要である．セレクト入力 S_0, S_1 でデータ A, B, C, D のいずれかを出力する場合の真理値表は，表4.10で与えられる．この表は，たとえば $S_1 S_0 = 00$ のとき A を選択して出力することを示している．この表から直接求めた回路構成を図4.29に示す．

表 4.10　**1ビット4チャネルマルチプレクサの真理値表**

$\overline{EI}$	S_1	S_0	D	C	B	A	Z
0	0	0	0	0	0	d_0	d_0
0	0	1	0	0	d_1	0	d_1
0	1	0	0	d_2	0	0	d_2
0	1	1	d_3	0	0	0	d_3

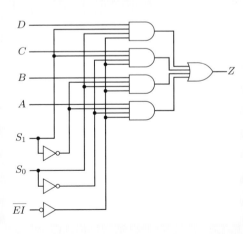

図 4.29　**1ビット4チャネルマルチプレクサの回路構成**

例題 4.15 4ビット2チャネルのマルチプレクサを示せ．ただし，$S=1$でAチャネル，$S=0$でBチャネルの各4ビットデータを出力するものとする．

解答 選択すべきチャネル数が2なので，セレクト端子は1ビットでよい．回路構成を図4.30に示す．

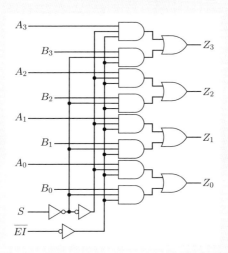

図4.30　4ビット2チャネルマルチプレクサの回路構成

例題 4.16 2ビット4チャネルのデマルチプレクサを示せ．

解答 マルチプレクサと逆の考え方で，2ビットデータを4箇所のいずれかにセレクトして出力する．出力チャネル数は4なので，チャネルセレクトは2ビット必要である．また，2ビットの入力データD_1D_0を四つのチャネルZ_0〜Z_3のいずれかに出力するものとすると，表4.11の真理値表が得られる．回路構成を図4.31に示す．

表4.11　2ビット4チャネルデマルチプレクサの真理値表

$\overline{EI}$	S_1	S_0	D_1	D_0	チャネル3		チャネル2		チャネル1		チャネル0	
					Z_{31}	Z_{30}	Z_{21}	Z_{20}	Z_{11}	Z_{10}	Z_{01}	Z_{00}
1	×	×	×	×	0	0	0	0	0	0	0	0
0	0	0	d_1	d_0	0	0	0	0	0	0	d_1	d_0
0	0	1	d_1	d_0	0	0	0	0	d_1	d_0	0	0
0	1	0	d_1	d_0	0	0	d_1	d_0	0	0	0	0
0	1	1	d_1	d_0	d_1	d_0	0	0	0	0	0	0

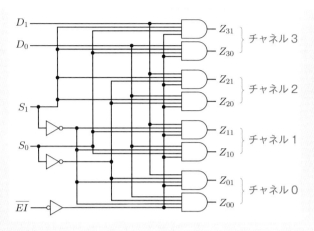

図 4.31　2 ビット 4 チャネルデマルチプレクサの回路構成

本章のまとめ

1. 組合せ回路とは，出力がその時点の入力の組合せだけで決まる回路である．本章までに説明してきた論理関数の簡単化と基本論理素子による回路構成は，すべて組合せ回路である．

2. 組合せ回路の設計では，まず求める回路の入出力関係を真理値表で表し，出力の加法標準形または乗法標準形を求め，それを簡単化する．次に，簡単化した論理関数について，基本論理素子を用いて回路構成する．

3. コンピュータの演算装置を構成する組合せ回路としては，加算器，減算器，比較器がある．加算器には，前の段からのけた上がりを考慮しない半加算器 (HA)，前の段からのけた上がりを考慮する全加算器 (FA) などがある．減算は，全加算器を用いて補数加算で行う．二つの数値データを比較して 1 を出力する回路を比較器という．

4. エンコーダは，複数の入力のうちのどれか一つを 2 進符号に変換して出力する回路である．デコーダは，エンコーダとは逆に，複数ビットの 2 進符号に対応する一つの出力をアクティブ状態にするものである．

5. マルチプレクサは，複数の入力チャネルの中から一つのチャネルを選択して出力する回路である．デマルチプレクサは，マルチプレクサとは逆に，一つの入力チャネルを複数の出力チャネルのいずれか一つに出力する回路である．

演習問題

4.1 表 4.12 を埋めよ.

表 4.12

$A\ B$		OR			XOR	XNOR
0 0						
0 1						
1 0						
1 1						
MIL 記号	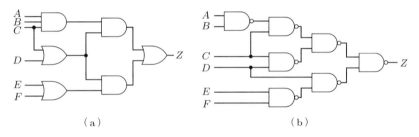					

4.2 $Z = ABC + BCD + CE + EF$ について, 3 段, 5 段回路構成の論理関数を求め, 2 段, 3 段, 5 段の回路構成を示せ.

4.3 前問の各回路を NAND のみで示せ.

4.4 図 4.32(a), (b) の論理関数を求めよ.

図 4.32

4.5 4 ビット BCD 符号に偶数パリティビットを付加して出力する回路を示せ.

4.6 4 ビット 2 進符号に偶数パリティビットを付加して出力する回路を示せ.

4.7 4 ビット 2 進符号に偶数パリティビットを付加したデータが入力されたとき, エラーがあれば $Z = 1$, 正しければ $Z = 0$ を出力するパリティチェック回路を求めよ.

4.8 けた上げ先取り回路付き 2 ビット全加算器を設計せよ.

4.9 2 ビット比較器の真理値表から簡単化した論理関数を求め, 回路構成せよ (結果は図 4.18 と同様).

4.10 4 ビット BCD 符号をグレイ符号に変換する符号変換回路を求めよ.

4.11 4 ビットグレイ符号を 2 進符号に変換する回路を求めよ.

4.12 図 4.28 に示した 8 ビット 4 チャネルマルチプレクサと, 8 ビット 4 チャネルデマルチプレクサを設計せよ.

第5章 順序回路

5.1 順序回路とは

コンピュータ内で使用される順序回路は，制御装置のプログラムカウンタと命令レジスタ，記憶装置のアドレスレジスタとメモリレジスタおよび演算装置の汎用レジスタとアキュームレータなどで，大別するとカウンタとレジスタであり，それらの設計法を理解すればよい．

組合せ回路は，入力の組合せだけで出力の状態が一意に決まる回路であった．順序回路 (sequential logic circuit) は，入力だけでなく過去の入力によって得られた現在の状態にも影響されて，次の状態と出力が決まる回路である．順序回路のブロック構成を図 5.1 に示す．過去の状態をフィードバックして記憶素子 (memory；メモリ) で記憶させ，それを現在の状態 (内部状態ともいう) とする．順序回路は，この現在の状態と入力を組合せ回路に入力して次の状態と出力を得るもので，従来の組合せ回路と記憶素子の組合せで構成されるものである．順序回路を直観的に理解できるもっとも典型的な具体例は，カウンタである．カウンタは，たとえば，現在の状態が 4 のとき入力 1 があれば次の状態が 5 となり，現在の状態によって次の状態が異なることがわかる．

図 5.1 において，入力 A, B, C と現在の状態 Q_0, Q_1 の組合せで出力関数 Z_0, Z_1 および次の状態 Q_0^+, Q_1^+ が求められる．順序回路に使用する 1 ビットの記憶素子をフリップフロップ (flip-flop；FF) といい，動作の異なるいろいろな種類がある．出力 Z_0, Z_1 を求める方法は，従来の組合せ回路の設計手順と同じだが，現在の状態

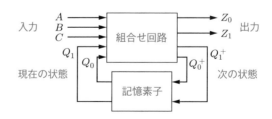

図 5.1　順序回路のブロック構成

を記憶させるために使用する FF の種類によって動作が異なるので，Q_0^+, Q_1^+ の論理関数が異なる．順序回路の設計とは，入力 A, B, C と現在の状態 Q_0, Q_1 を順序回路の入力変数とし，次の出力 Z_0, Z_1 および同時に得られた次の状態を FF に正しく記憶させるための Q_0^+, Q_1^+ を求めることである．したがって，**記憶素子として使用する FF の動作特性とその制御方法**について理解しなければならない．

記憶素子のことを遅延素子 (delay) ともいう．この記憶素子には，外部から動作時点を指定するクロックパルス (clock pulse；以下 Cp と表す) を用いる同期式 (synchronous)，および素子固有の伝搬遅延時間 (信号が素子に入力してから出力されるまでの時間) を利用する非同期式 (asynchronous) がある．同期式は，動作速度がクロックパルスの周波数 (MHz や GHz の単位) に依存するが，現在の状態が十分安定したと思われる時間間隔で動作させるので安定性がよく，FF などの素子性能のバラツキによる誤動作 (ハザードという) が発生せず，コンピュータの設計に用いられる．コンピュータ内のすべての処理はこの Cp に同期して行われ，周波数が高いほど処理速度が速く，処理性能を表す重要な要素である．非同期式は，原理的には同期式よりは高速だが，回路が複雑になると伝搬遅延時間の推定が困難で，誤動作が出現することがある．したがって，伝搬遅延時間に左右されない，比較的処理速度の遅いディジタル回路設計に使用される．

5.2 状態遷移表と状態遷移図

組合せ回路では，その設計に真理値表を用いたが，順序回路では，真理値表の代わりに状態遷移表 (state transition table) を用いる．順序回路は，安定した現在の状態に入力信号が加わると，出力が出るとともに次の状態へ遷移する．この移りゆく状態を表にしたものを状態遷移表 (以下，遷移表という) といい，移りゆく状態を理解しやすくするために図示したものを状態遷移図 (state transition diagram) という．

| 例題 5.1 | 3 進カウンタの状態遷移図と遷移表を求めよ． |

解答 3 進カウンタは 3 進数なので，1 けたの場合，0, 1, 2 とカウントアップしたあとカウント 3 で 0 に戻ってけた上がりの出力 1 が出る．したがって，記憶すべき状態数は，状態 0 (S_0)，状態 1 (S_1)，状態 2 (S_2) の三つである．このときの状態遷移図と遷移表は，それぞれ図 5.2，表 5.1 のようになる．

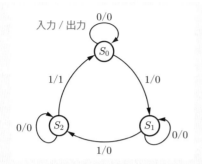

表 5.1　**遷移表 (3進カウンタ)**

入力	現在の状態	次の状態	出力
0	S_0	S_0	0
1	S_0	S_1	0
0	S_1	S_1	0
1	S_1	S_2	0
0	S_2	S_2	0
1	S_2	S_0	1

図 5.2　**状態遷移図 (3進カウンタ)**

遷移図や遷移表の作り方は，まず記憶すべき状態数を決め，現在の状態について入力がある場合 (1) とない場合 (0) に分けて，次の状態と出力を求める．たとえば，表 5.1 より，現在の状態が S_0 で入力が 0 の場合は，次の状態が S_0 のままで出力が 0，入力が 1 の場合は，次の状態が S_1 に遷移して出力が 0 であることがわかる．また，現在の状態が S_2 で入力が 1 の場合は，次の状態が S_0 に戻り，けた上がりの出力 1 が得られることがわかる．

表 5.1 から順序回路を構成してみる．論理関数を求めるには，状態を符号化しなければならない．この場合は，記憶すべき状態数が 3 種類なので，必要な FF の個数は 2 個 (2 ビット) で，表 5.2 のように符号化する．このときの S_3 は存在しないので，冗長な状態である．この状態の符号化を状態割り当てという．割り当てに必要なビット数 n は，記憶すべき状態数を N とすると，

$$N = 2^n \quad \text{または} \quad n = \log_2 N \tag{5.1}$$

表 5.2　**状態割り当て**

	現在の状態		次の状態	
	Q_1	Q_0	Q_1^+	Q_0^+
S_0	0	0	0	0
S_1	0	1	0	1
S_2	1	0	1	0
S_3	1	1	×	×

表 5.3　**状態割り当てをした遷移表**

入力	現在の状態		次の状態		出力
A	Q_1	Q_0	Q_1^+	Q_0^+	Z
0	0	0	0	0	0
1	0	0	0	1	0
0	0	1	0	1	0
1	0	1	1	0	0
0	1	0	1	0	0
1	1	0	0	0	1
0	1	1	×	×	×
1	1	1	×	×	×

である．たとえば，記憶すべき状態数 N が 4, 8, 16 種類のときに必要な FF の個数 n は，それぞれ 2, 3, 4 個である．表 5.3 は，表 5.1 に対して表 5.2 の状態割り当てを行ったときの遷移表で，現在の状態 (FF の出力側) を Q_1, Q_0，次の状態 (FF の制御入力側) を Q_1^+, Q_0^+，けた上がりの出力を Z としている．S_3 は冗長な状態なので，これに関する次の状態と出力は，ドントケア項となる．この表から，論理関数 Q_1^+, Q_0^+, Z をカルノー図で簡単化して求める．

$$Q_1^+ = \overline{A}Q_1 + AQ_0 \tag{5.2}$$

$$Q_0^+ = \overline{A}Q_0 + A\overline{Q_1}\,\overline{Q_0} \tag{5.3}$$

$$Z = AQ_1 \tag{5.4}$$

これらの式を回路構成すると図 5.3 になる．この図は，カウント入力 A と現在の状態 Q_1, Q_0 ($\overline{Q_1}, \overline{Q_0}$ は Q_1, Q_0 の反転出力) が組合せ回路の入力信号となり，記憶すべき次の状態 Q_1^+, Q_0^+ とけた上がり Z が出力信号となり，遷移した Q_1^+, Q_0^+ の状態を FF1 と FF0 に記憶させて，次のカウント入力待ち状態になることを示している．次のカウント入力では，記憶した Q_1^+, Q_0^+ と同じ状態が現在の状態 Q_1, Q_0 として入力信号となり，次の状態とけた上がりが出力される．この遷移状態をカウ

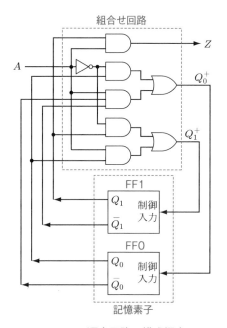

図 5.3 順序回路の構成概念

ント入力のたびに繰り返す回路が順序回路で，記憶している現在の状態 (入力) によっては次の状態 (出力) が異なる．たとえば，現在の状態が 1 ($Q_1 Q_0 = 01$) のときにカウント入力があれば，次の状態は 2 ($Q_1^+ Q_0^+ = 10$) であり，現在の状態が 2 であれば，次の状態は 0 ($Q_1^+ Q_0^+ = 00$) で出力 $Z = 1$ となる．以上が順序回路構成の考え方である．

図 5.3 は，状態の記憶に使用する FF が未定なので完成した設計図ではない．実際の設計においては，使用する FF を決めてから Q_1^+，Q_0^+ を求めなければならない．次節では，記憶素子として用いる基本的な 4 種類の FF (SR-FF, T-FF, JK-FF, D-FF) の動作とその制御方法について示す．FF の動作と制御方法を理解したあとに，改めて順序回路の正しい設計法について述べる．

5.3 フリップフロップ (FF)

5.3.1 SR-FF

SR-FF (set reset FF) は，FF の基本である．実際の FF は，SR-FF の機能とほかの 3 種類 (T-FF, JK-FF, D-FF) の FF を組み合わせたものがほとんどである．SR-FF の記号を図 5.4 に示す．

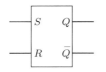

・$R = 0$ のとき，$S = 1$ 入力で Q から 1 を出力
・$S = 0$ のとき，$R = 1$ 入力で Q から 0 を出力
・$S = R$ の同時入力は禁止 ($SR = 0$)
・$\overline{Q}$ からは，Q の反転を出力

図 5.4　**SR-FF**

FF とは，安定点が二つ (High と Low) ある **2 安定マルチバイブレータ** (bistable multivibrator) のことである．マルチバイブレータには，このほかに Cp に用いる無安定 (安定点のない発振器) と 1 安定 (High または Low の安定点が一つある単発パルス発生器) があり，いずれも実用ディジタル回路ではよく使用されるが，ここでは，これらについては言及しない．

図 5.4 において，S 端子に信号を強制的に入力する (電圧 H，論理 1) と，Q 端子から H (1) が，$\overline{Q}$ 端子からは L (0) が出力される．また，R 端子に信号を入力する (電圧 H，論理 1) と，Q 端子から L (0) が，$\overline{Q}$ 端子からは H (1) が出力される．SR-FF の**セット**とは，Q 端子から 1 を出力させることで，**リセット**とは，Q 端子

から 0 を出力させることである．外部から S または R に入力しない限りは，永久に Q から 1 または 0 のいずれかの出力状態 (二つの安定状態) を維持する．この二つの安定状態は，Q 端子から 1 が出ているときは FF が 1 を記憶し，0 が出ているときは 0 を記憶していることを意味しており，ほかの FF においても同様である．図 5.4 の S と R の両端子に同時に信号を入力した場合は，Q と $\overline{Q}$ の各出力状態が不確定になるので，SR-FF では S と R の両方に同時に信号を入力してはならない．これを組合せ禁止入力という．出力 $\overline{Q}$ は，どの FF でもつねに出力 Q の反転が出力されるので，この $\overline{Q}$ を有効に使って論理回路設計を行う．以上が，FF の基本である SR-FF の動作である．

FF を用いて順序回路の設計を行うには，その動作特性を論理関数で表さなければならない．設計したい順序回路の動作特性を示す論理関数を特性方程式 (characteristic equation) という．特性方程式を求める手順は次のとおりである．

1. 動作特性を表す遷移表を作成する．
2. 必要ならカルノー図で簡単化する．
3. 簡単化した特性方程式を求める．

1 ビットの記憶素子である FF は，記憶している現在の状態と入力の組合せによって次の状態が決まるので，順序回路そのものである．以下では，4 種類の FF を順序回路とみなし，その動作特性を遷移表で示し，特性方程式を求めてみる．

例題 5.2 SR-FF の特性方程式を求めよ．

解答 遷移表を表 5.4 に示す．遷移表は，まず現在の状態 Q を決め，次に入力 S と入力 R が与えられたときに得られる次の状態 Q^+ の動作 (図 5.4) を記述して作成する．表 5.4 において，$S = R = 0$ のときは入力がないので，次の状態 Q^+ は現在の状態 Q のままである．$S = 0, R = 1$ のときは現在の状態 (0 または 1) に関係なく次の状態はリセットされ，同様に $S = 1, R = 0$ のときはセットされる．組合せ禁止入力は入力が存在しないので，表中の×印は出力も存在しないドントケア項を意味している．表 5.4 の次の状態 Q^+ について求めた式が特性方程式である．

図 5.5 に示すカルノー図で簡単化した加法形を求める．$SR = 0$ ($S = 1$ のときは $R = 0$，$S = 0$ のときは $R = 1$) でなければならないので，入力の組合せとしては，$S = 1$ でかつ $R = 1$ は起こらず，この場合をドントケア項とみなすことができる．したがって，以下の式が SR-FF の特性方程式である．

$$Q^+ = S + \overline{R}Q \tag{5.5}$$

ただし, $SR = 0$ (5.6)

表 5.4　**SR-FF の遷移表**

入力		現在の状態	次の状態	
S	R	Q	Q^+	
0	0	0	0	
0	0	1	1	
0	1	0	0	リセット
0	1	1	0	
1	0	0	1	セット
1	0	1	1	
1	1	0	×	
1	1	1	×	

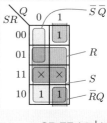

図 5.5　**SR-FF (Q^+) の カルノー図**

<table>
<tr><td>例 題
5.3</td><td>SR-FF を NAND および NOR のみで構成せよ.</td></tr>
</table>

解 答　SR-FF を NAND で構成するには, 式 (5.5) の二重否定をとる.

$$Q^+ = \overline{\overline{S}\,\overline{\overline{R}Q}}$$

また, NOR で構成するには, 図 5.5 の $Q^+ = 0$ に着目して $\overline{Q^+}$ の加法形を求める.

$$\overline{Q^+} = R + \overline{S}\,\overline{Q} = R + \overline{S + Q}$$

否定をとると Q^+ の乗法形が求められる.

$$Q^+ = \overline{R + \overline{S + Q}}$$

　これらを図 5.6(a), (b) に示す. ただし, NAND 構成は入力が 0 のとき (立ち下が り, ネガティブエッジ), NOR 構成は入力が 1 のとき (立ち上がり, ポジティブエッジ) に出力が変化することに注意する必要がある.

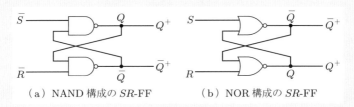

(a) NAND 構成の SR-FF　　　(b) NOR 構成の SR-FF

図 5.6　**ゲート構成の SR-FF**

5.3.2 *T*-FF

T-FF (toggle/trigger FF) とは，入力 T があるたびに出力 Q が反転動作をする（トグル動作という）FF である．これは，1 ビットの 2 進カウンタに相当する．その動作を時間軸で並べたタイミングチャート (timing chart) を図 5.7 に，また遷移表を表 5.5 に示す．入力 T がない場合の次の状態は，現在の状態のままである．表から *T*-FF の特性方程式が，加法形で次式のように求められる．

$$Q^+ = \overline{T}Q + T\overline{Q} \tag{5.7}$$

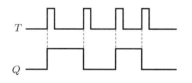

図 5.7　*T*-FF のタイミングチャート

表 5.5　*T*-FF の遷移表

入力 T	現在の状態 Q		次の状態 Q^+
0	0		0
1	0	反転	1
0	1		1
1	1	反転	0

回路構成とその記号を図 5.8(a), (b) に示す．FF は，一般に図 5.8(b) のように，*SR*-FF の機能であるセット端子とリセット端子を兼備している．これらは，ダイレクトセット (S_D) またはプリセット (PR)，およびダイレクトリセット (R_D) またはクリア (CLR) などとよばれている．また，*T*-FF は *SR*-FF を用いて図 5.9 のように構成できる (設計法は例題 5.6 で後述)．これらの回路は，図 5.7 に示すように，入力 T のパルス幅が十分短くなければならない．これは，この図では出力 Q^+ が反転したあと，それがただちにフィードバックされて AND ゲートに入力するので，入

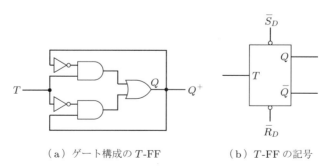

（a）ゲート構成の *T*-FF　　　（b）*T*-FF の記号

図 5.8　*T*-FF

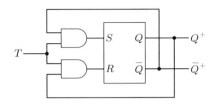

図 5.9   *SR*-FF による *T*-FF の構成

力する前 (伝搬遅延時間内) に入力 T が 0 に戻っていないと発振 ($Q^+ = 1 \to 0 \to 1$) してしまうからである．発振しないように工夫をした FF は次項で示す．

5.3.3 / *JK*-FF

JK-FF は，*SR*-FF に Cp を追加して *SR*-FF の禁止入力 $SR = 0$ を改善したものである．*SR*-FF は，S, R に同時に入力することを禁止しているが，*JK*-FF は，J, K に同時に入力した場合でも Cp に同期して安定した出力が得られる．すなわち，この場合は，Q^+ の出力として現在の状態 Q の反転した状態が得られる．遷移表を表 5.6 に示す．FF の次の状態 Q^+ は，入力 Cp があるときのみに影響を受けるので，Cp がないときの Q^+ は，現在の状態のままである．*JK*-FF の動作は，入力 J または K のそれぞれを *SR*-FF の入力 S または R に対応させると，反転出力以外の出力 Q^+ が *SR*-FF の遷移表 5.4 と一致するので理解しやすい．表 5.6 と図 5.10 のカルノー図から次式が求められる．

$$Q^+ = (\overline{K} + \overline{Cp})Q + JCp\overline{Q} = \overline{K\,Cp}\,Q + JCp\overline{Q} \tag{5.8}$$

表 5.6   *JK*-FF の遷移表

入力		現在の状態	次の状態		
J	K	Q	$Q^+ (Cp = 1)$		$Q^+ (Cp = 0)$
0	0	0	0	Q と同出力	0
0	0	1	1		1
0	1	0	0	リセット	0
0	1	1	0		1
1	0	0	1	セット	0
1	0	1	1		1
1	1	0	1	反転	0
1	1	1	0		1

図 5.10   *JK*-FF の
カルノー図

JK＼QCp	00	01	11	10
00			1	1
01				1
11	1			1
10	1	1		1

JK-FF は，$Cp = 1$ のときに動作するので，これを代入すると次式の特性方程式が求められる．

$$Q^+ = \overline{K}Q + J\overline{Q} \tag{5.9}$$

回路構成を図 5.11(a)，その記号を図 5.11(b) に示す．SR-FF と異なるところは，JK-FF はつねに Cp に同期して使用することである．

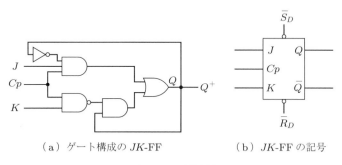

（a）ゲート構成の JK-FF　　　　（b）JK-FF の記号

図 5.11　**JK-FF**

また，JK-FF は SR-FF を用いて図 5.12 のように構成できるが (設計法は例題 5.7 で後述)，これらも T-FF と同様に，$J = K = 1$ のときには Cp が十分短くないと発振する．この発振を防止するために工夫した実用回路が，エッジトリガタイプ (edge trigger type) とマスタスレーブタイプ (master slave type) である．

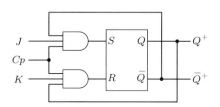

図 5.12　**SR-FF による JK-FF の構成**

前者は長い Cp を，たとえば図 5.13 のように IC の内部で短いパルス幅に変換する方法である．この図は，NAND ゲートの 1 段あたりの遅延時間 (①) をパルス幅とする短いパルスが得られることを示している．これらには，Cp の立ち上がりで生成するポジティブエッジトリガタイプ (②) と，立ち下がりで生成するネガティブエッジトリガタイプ (③) がある．

一方，マスタスレーブタイプは，図 5.14 のように 2 個の FF を用いて，長い Cp のアクティブ状態が終了したあとに Q^+ の出力を変化させることにより，$J = K = 1$

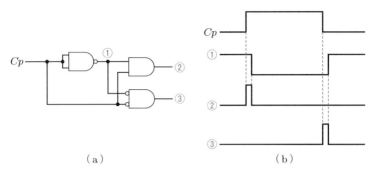

図 5.13　短パルスの生成回路例

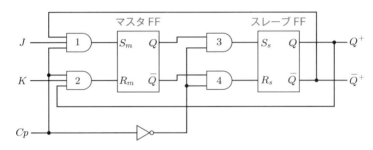

図 5.14　マスタスレーブタイプ JK-FF

のときに出力をフィードバックしても発振しないように工夫したものである．図の
前段をマスタ FF，後段をスレーブ FF という．図 5.15 に示すように，Cp が H に立
ち上がり始めると，NOT の出力が L となるためゲート 3, 4 が閉じ，スレーブ FF が
マスタ FF から切り離される（①）．少し遅れて (AND と FF の伝搬遅延時間)，$J =
K = 1$ の入力条件に対応した状態がマスタ FF の $Q, \overline{Q}$ へ出力される（②）．Cp が
L に立ち下がり始めると，ゲート 1, 2 の Cp が L となって閉じ，JK 入力条件が切
り離される（③）．少し遅れて (NOT の伝搬遅延時間) NOT の出力が H となりゲー
ト 3, 4 が開き，マスタ FF の出力がスレーブ FF に入力され，出力 $Q, \overline{Q}$ が反転す
る（④）．この反転出力がゲート 1, 2 にフィードバックしたときには，すでに Cp は
L になっているので，発振は起こらない．このタイプの記号を図 5.16 に示す．図の
状態表示記号は，Cp の立ち下がりで出力が変化することを意味している．

図 5.15　クロックパルス

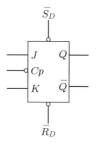

図 5.16　*JK*-FF の記号

5.3.4 *D*-FF

D-FF (delay/data latch FF) は，Cp が入力する直前の入力 D の状態と同じ状態を，Q から Cp に同期して出力するものである．タイミングチャートを図 5.17 に，遷移表を表 5.7 に示す．*D*-FF は，*JK*-FF と同様に $Cp = 1$ のときに動作するので，この表では Cp を省いている．

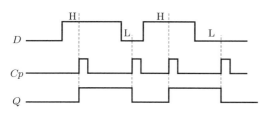

図 5.17　*D*-FF のタイミングチャート

表 5.7　*D*-FF の遷移表

D	Q	Q^+
0	0	0
0	1	0
1	0	1
1	1	1

表 5.7 から，*D*-FF の特性方程式は次式になる．

$$Q^+ = DQ + D\overline{Q} = D \tag{5.10}$$

D-FF の記号を図 5.18 に示す．また，*SR*-FF を用いて *D*-FF を構成すると，図 5.19 (演習問題 5.4 を参照) のようになる．

JK-FF と *D*-FF の実用 FF (テキサス・インスツルメンツ社) の例を図 5.20 に示す．FF のほとんどにはセットとリセットの機能が付加してあり，これらは，FF でレジスタやカウンタを構成したとき，その初期値の設定に使用される．

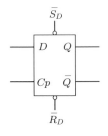

図 5.18　*D*-FF の記号

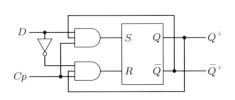

図 5.19　*SR*-FF による *D*-FF の構成

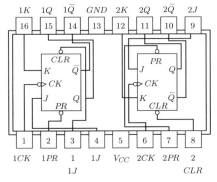

（a）*JK*-FF（ネガティブエッジトリガ）

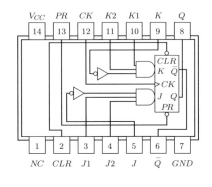

（b）*JK*-FF（ポジティブエッジトリガ）

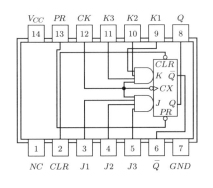

（c）*JK*-FF（マスタスレーブ）

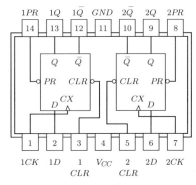

（d）*D*-FF（ポジティブエッジトリガ）

図 5.20　実用 FF (テキサス・インスツルメンツ社)

5.4 順序回路の設計

5.4.1 順序回路の応用方程式と FF の入力方程式

FF の出力には，つねに Q と $\overline{Q}$ が存在しているので，これらを用いることですべての順序回路を表すことができる．ある順序回路において，現在の状態を $Q, \overline{Q}$，次の状態を Q^+ とするとき，これらの関係は，一般に次式で表すことができる．

$$Q^+ = g_1 Q + g_2 \overline{Q} \tag{5.11}$$

この式を応用方程式 (application equation) という．

FF の制御方法とは，その入力端子への入力に関する論理関数，すなわち入力方程式を求めることである．設計に使用する FF を決めればその特性方程式が一意に決まるので，その式と応用方程式から入力方程式を求めることができる．

例題 5.4 SR-FF の入力方程式を求めよ．

解答 応用方程式と特性方程式 (SR-FF) の関係を示す遷移表を表 5.8 に示す．左側の応用方程式に関する列は，式 (5.11) に g_1, g_2, Q の値を代入して Q^+ を求めたものである．この応用方程式の遷移表は，ほかの FF あるいはすべての順序回路について共通である．式 (5.5)，式 (5.6) より，SR-FF の特性方程式は次式になる．

$$Q^+ = S + \overline{R}Q \quad \text{ただし，} \quad SR = 0 \tag{5.12}$$

表 5.8 **応用方程式と特性方程式 (SR-FF) の関係**

応用方程式				SR-FF の特性方程式			
g_1	g_2	Q	Q^+	S	R	Q	Q^+
0	0	0	0	0	×	0	0
0	0	1	0	0	1	1	0
0	1	0	1	1	0	0	1
0	1	1	0	0	1	1	0
1	0	0	0	0	×	0	0
1	0	1	1	×	0	1	1
1	1	0	1	1	0	0	1
1	1	1	1	×	0	1	1

同じ値

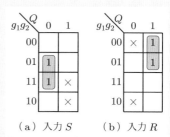

（a）入力 S　　（b）入力 R

図 5.21 **S, R 入力方程式のカルノー図**

これらの式の Q, Q^+ が，応用方程式の Q, Q^+ と同じ値が得られるように S, R の値を求めると，表 5.8 の右側の列の結果が得られる．たとえば，最上段の $Q = 0$ のときに $Q^+ = 0$ となるには，式 (5.12) に代入して $S = 0$ でかつ $R = \times$ でなければならない．表の×印は 1 または 0 のいずれでもよい．SR-FF の入力方程式を求めるということは，S, R 入力端子について応用方程式の g_1, g_2, Q, $\overline{Q}$ で表した論理関数を求めることである．この表から，図 5.21 に示す S, R のカルノー図が得られ，次式の入力方程式が求められる．

$$S = g_2\overline{Q}, \qquad R = \overline{g}_1 Q \tag{5.13}$$

例題 5.5 JK-FF の入力方程式を求めよ．

解答 応用方程式と特性方程式 (JK-FF) の関係の遷移表を表 5.9 に示す．JK-FF の特性方程式は次式である．

$$Q^+ = \overline{K}Q + J\overline{Q} \tag{5.14}$$

上式に応用方程式の Q, Q^+ を代入すると，入力 J, K の値が表 5.9 の右側のように得られる．これから図 5.22 のカルノー図が得られ，J, K の入力方程式が求められる．

$$J = g_2, \qquad K = \overline{g}_1 \tag{5.15}$$

表 5.9 応用方程式と特性方程式 (JK-FF) の関係

g_1	g_2	Q	Q^+	J	K
0	0	0	0	0	×
0	0	1	0	×	1
0	1	0	1	1	×
0	1	1	0	×	1
1	0	0	0	0	×
1	0	1	1	×	0
1	1	0	1	1	×
1	1	1	1	×	0

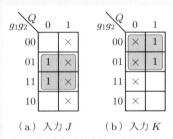

（a）入力 J 　　　（b）入力 K

図 5.22 　J, K の入力方程式のカルノー図

同様の方法で T-FF, D-FF の入力方程式を求めると，それぞれ次式になる．

$$T = \overline{g}_1 Q + g_2\overline{Q} \tag{5.16}$$

$$D = g_1 Q + g_2\overline{Q} \tag{5.17}$$

5.4.2 順序回路の設計例

順序回路の設計手順をまとめると以下のようになる.

1. 状態遷移図で遷移状態を確認し，記憶すべき状態数と FF の個数を求める.
2. 状態数を符号化し，状態割り当てを行う.
3. 状態遷移表を作成する.
4. カルノー図を描き，設計したい順序回路の特性方程式を求める.
5. 特性方程式を応用方程式に対応させて，g_1, g_2 を求める.
6. 使用する FF の種類を決めて，その入力方程式に g_1, g_2 を代入し，その論理関数を求める.
7. 順序回路を構成する.

以上のように，順序回路の設計とは，まず設計したい回路の動作特性を特性方程式で表し，その動作特性を実現するために使用する特定の FF の入力方程式を求めることである．FF はそれ自体が順序回路なので，順序回路の設計手順を示す例題として，以下では，まず特定の FF でほかの FF を設計する．その後，任意の遷移表が与えられたときの順序回路を特定の FF で設計してみる.

4種類のFFのうち，SR-FF と T-FF は入力 S, R と入力 T で出力が変化するが，JK-FF と D-FF は入力 Cp に同期して出力が変化することに注意が必要である.

例題 5.6　SR-FF を用いて T-FF を設計せよ.

解答

T-FF の特性方程式は，表5.5より，$\qquad Q^+ = \overline{T}Q + T\overline{Q}$

応用方程式 $Q^+ = g_1 Q + g_2 \overline{Q}$ に対応させると，$\quad g_1 = \overline{T}, \qquad g_2 = T$

SR-FF の入力方程式に代入すると，$\qquad S = g_2 \overline{Q} = T\overline{Q}$

$$R = \overline{g}_1 Q = TQ$$

これを回路構成すると，以前に示した図 5.9 になる.

例題
5.7

SR-FF を用いて JK-FF を設計せよ.

解答

JK-FF の特性方程式は,表 5.6 より, $\qquad Q^+ = \overline{K}Q + J\overline{Q}$

応用方程式 $Q^+ = g_1 Q + g_2 \overline{Q}$ に対応させると, $g_1 = \overline{K}, \qquad g_2 = J$

SR-FF の入力方程式に代入すると, $S = g_2 \overline{Q} = J\overline{Q}$

$\qquad\qquad\qquad\qquad\qquad\qquad\qquad\qquad R = \overline{g_1}Q = KQ$

これを回路構成すると,以前に示した図 5.12 になる.

例題
5.8

JK-FF を用いて T-FF を設計せよ.

解答

T-FF の特性方程式は,表 5.5 より, $\qquad Q^+ = \overline{T}Q + T\overline{Q}$

応用方程式 $Q^+ = g_1 Q + g_2 \overline{Q}$ に対応させると, $g_1 = \overline{T}, \qquad g_2 = T$

JK-FF の入力方程式に代入すると, $J = g_2 = T$

$\qquad\qquad\qquad\qquad\qquad\qquad\qquad\qquad K = \overline{g_1} = T$

JK-FF は Cp に同期して使用するので,回路構成は図 5.23(a) になるが,実用回路では,図 5.23(b) のように J, K には 1 を入力し,Cp を入力 T として使用する.図 5.23(b) の Cp の状態表示記号は,立ち下がりで出力が変化することを示している.

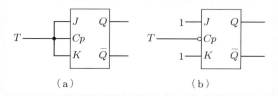

図 5.23　**JK-FF による T-FF の構成**

例題 5.9

表 5.10 の遷移表をもつ順序回路を JK-FF で設計せよ.

解答　入力は A, B の 2 入力だが，記憶すべき状態数は一つなので FF は 1 個である．表 5.10 より，特性方程式のカルノー図は図 5.24 となる．一般に，順序回路の設計においては，**特性方程式は応用方程式に対応させるために，$Q, \overline{Q}$ が必ず出現するように構成**する．

カルノー図より特性方程式を求めると，$Q^+ = AQ + \overline{A}B\overline{Q}$

応用方程式に対応させると，$g_1 = A$,　$g_2 = \overline{A}B$

JK-FF の入力方程式に代入すると，$J = g_2 = \overline{A}B$,　$K = \overline{g_1} = \overline{A}$

これを回路構成すると図 5.25 になる.

表 5.10　**遷移表**

入力		現在の状態	次の状態
A	B	Q	Q^+
0	0	0	0
0	1	0	1
1	0	0	0
1	1	0	0
0	0	1	0
0	1	1	0
1	0	1	1
1	1	1	1

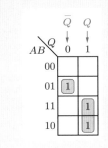

図 5.24　**カルノー図**

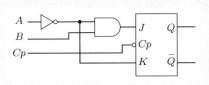

図 5.25　**回路構成**

例題 5.10

表 5.11 の遷移表をもつ順序回路を T-FF で設計せよ．表 5.11 は，表 5.1 の 3 進カウンタと同一である．

表 5.11　**遷移表**

現在の状態	次の状態		出力	
	入力		入力	
	0	1	0	1
S_0	S_0	S_1	0	0
S_1	S_1	S_2	0	0
S_2	S_2	S_0	0	1

1. 記憶すべき状態数が3種類 (2ビットで表現) なので，FF は2個必要である．

2. 入力がない場合 ($A=0$) と，ある場合 ($A=1$) に分けて状態割り当てを行い，表5.12を作る．この表は表5.3と同一である．現在が S_0 (0を記憶) の状態で入力1があると S_1 (1を記憶) に遷移し，S_1 の状態で入力1があると S_2 (2を記憶) に遷移し，S_2 の状態で入力1

表5.12　状態割り当てをした遷移表

入力	現在の状態		次の状態		出力
A	Q_1	Q_0	Q_1^+	Q_0^+	Z
0	0	0	0	0	0
1	0	0	0	1	0
0	0	1	0	1	0
1	0	1	1	0	0
0	1	0	1	0	0
1	1	0	0	0	1
0	1	1	×	×	×
1	1	1	×	×	×

があると S_0 に戻り，けた上がりの出力1が出る．入力がない場合 ($A=0$) は，次の状態は現在の状態のままである．また，状態 S_3 は決して出現しないので，ドントケア項として使用できる．

$$S_0: 00 \qquad S_1: 01 \qquad S_2: 10$$

3. 2個のFFのそれぞれについて特性方程式を求める．図5.26(a) において，Q_0，$\overline{Q}_0$ が出現するように式を作る，また，図5.26(b) において，Q_1，$\overline{Q}_1$ が出現するように式を作る．これらの式は，応用方程式の Q，$\overline{Q}$ に対応するように導出したので，順序回路構成の考え方を示した式 (5.2)，式 (5.3) とは異なっている．

$$Q_0^+ = \overline{A}Q_0 + A\overline{Q}_1\overline{Q}_0, \qquad Q_1^+ = \overline{A}Q_1 + AQ_0\overline{Q}_1$$

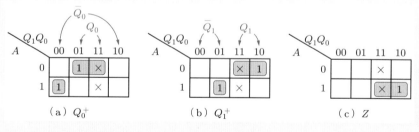

図5.26　カルノー図

4. 応用方程式の係数を求める．

$$Q_0^+ = g_{1,0}Q_0 + g_{2,0}\overline{Q}_0, \qquad Q_1^+ = g_{1,1}Q_1 + g_{2,1}\overline{Q}_1$$

$$g_{1,0} = \overline{A}, \qquad g_{2,0} = A\overline{Q}_1, \qquad g_{1,1} = \overline{A}, \qquad g_{2,1} = AQ_0$$

5. T-FF の入力方程式に代入し，図 5.27(a), (b) のカルノー図で簡単化する．
式 (5.16) より，$T = \overline{g}_1 Q + g_2 \overline{Q}$ なので，次のようにする．

$$T_0 = \overline{g}_{1,0} Q_0 + g_{2,0} \overline{Q}_0 = AQ_0 + A\overline{Q}_1 \overline{Q}_0$$
$$= A\overline{Q}_1$$
$$T_1 = \overline{g}_{1,1} Q_1 + g_{2,1} \overline{Q}_1 = AQ_1 + AQ_0 \overline{Q}_1 = AQ_1 + AQ_0$$
$$= A(Q_1 + Q_0)$$

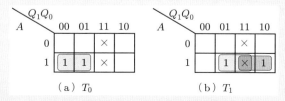

図 5.27　カルノー図 (入力 T)

6. 出力 Z は，表 5.12 と図 5.26(c) より，次のようになる．

$$Z = AQ_1$$

7. T-FF への制御入力 T_0, T_1 と出力 Z の論理関数より，図 5.28 の回路構成を得
る．このとき，Q_0 が下位ビット，Q_1 が上位ビットである．T-FF は同期入力
Cp がないので，入力 A で同期をとる．

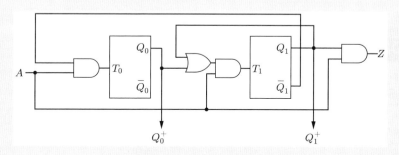

図 5.28　T-FF による 3 進カウンタ

| 例 題 5.11 | 表 5.11 の遷移表をもつ順序回路を JK-FF で設計せよ. |

解 答 　応用方程式の係数は例題 5.10 と同じなので，これらを JK-FF の入力方程式に代入すると，以下の制御入力が得られる．JK-FF は Cp に同期して動作するので，カウント入力 $A = 1$ を Cp に流用し，$Cp = A = 1$ とすることができる．なお，出力 Z は例題 5.10 と同じである．回路構成を図 5.29 に示す.

$$J_0 = g_{2,0} = A\overline{Q}_1 = \overline{Q}_1, \qquad K_0 = \overline{g}_{1,0} = A = 1$$
$$J_1 = g_{2,1} = AQ_0 = Q_0, \qquad K_1 = \overline{g}_{1,1} = A = 1$$
$$Z = AQ_1$$

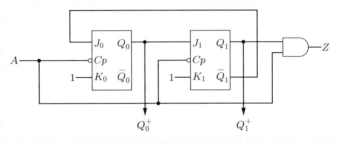

図 5.29　**JK-FF による 3 進カウンタ**

5.5　レジスタの設計

5.5.1　レジスタ

　レジスタ (register) とは置数器のことで，データの一時記憶装置として使用される．レジスタにおいて，データは 1 ワード (語) 単位で取り扱われる．1 ビットや 1 バイトと同様に情報を取り扱う単位である 1 ワードは，1 クロックパルスのタイミングで処理されるレジスタや加算器の大きさを表し，1 ワードのビット数が大きいほど処理速度が速く，コンピュータの重要な性能表示として用いられる．レジスタには，演算装置の汎用レジスタとアキュームレータ，メモリのアドレスを指定するアドレスレジスタ，メモリのデータを入出力するときの一時記憶に使用されるメモリレジスタなどがある．これらは，並列に入力したデータをそのまま記憶して出力すればよいので，D-FF の機能があればよい．図 5.30 に，D-FF を用いた単方向

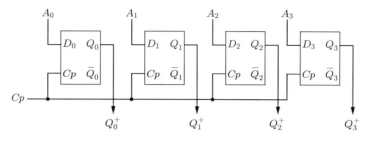

図 5.30　単方向並列入出力レジスタ

並列入出力の 4 ビットレジスタを示す.

5.5.2　シフトレジスタ

シフト (shift) とは，けた移動のことである．10 進数を 1 けた左シフトすると元の数の 10 倍，右シフトすると 10 分の 1 になるのと同様に，2 進数を 1 けた左シフトすると 2 倍，右シフトすると 2 分の 1 になる．このシフト機能をもつレジスタをシフトレジスタといい，Cp に同期して全部のビットが同時に左または右にシフトする．この機能は乗算や除算に応用できるので，演算装置の汎用レジスタ (general register) やアキュームレータ (accumulator；累算器) に付加して使用する．シフトレジスタは，Cp に同期してシフトするので，JK-FF または D-FF を使用する．図 5.31 に示すように，シフトレジスタのデータ入力は，最下位けたから直列に入力する場合と，各 FF へ並列に入力する場合がある．また，データ出力に際しても，最上位けたからの直列出力と各けたからの並列出力がある．これらの機能を組み合わせて，データ入出力の直並列変換器や並直列変換器として利用される.

図 5.31　シフトレジスタ

例 題 5.12 *D*-FF または *JK*-FF で 2 ビット右シフトレジスタを設計せよ.

解 答 シフトレジスタは入力したデータと同じデータを次の段に出力するので, *D*-FF を構成すればよい. 1 ビットシフトレジスタの遷移表を表 5.13 に示す. これは, 次の状態が現在の状態に関係なく *Cp* に同期して, 入力 *A* と同じ状態として得られることを示している.

表 5.13 より, $Q^+ = AQ + A\overline{Q}$

ゆえに, $g_1 = A, \quad g_2 = A$

D-FF および *JK*-FF で構成すると, 次のようになる.

$$D = g_1 Q + g_2 \overline{Q} = AQ + A\overline{Q} = A$$

$$J = g_2 = A, \qquad K = \overline{g}_1 = \overline{A}$$

これらの回路構成は, それぞれ図 5.32(a), (b) になる.

表 5.13　**遷移表**

入力	現在の状態	次の状態
A	Q	Q^+
0	0	0
1	0	1
0	1	0
1	1	1

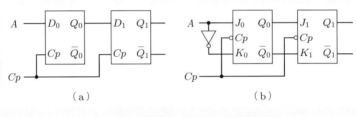

(a)　　　　　　　　(b)

図 5.32　**2 ビット右シフトレジスタ**

図 5.33 に, *JK*-FF を用いた直列または並列入出力の 4 ビット右シフトレジスタを示す. 上位けたの *J*, *K* へは, 出力 *Q* の NOT の代わりに出力 $\overline{Q}$ を使用している. 直並列変換の場合は, 初段の *J*, *K* 入力端子を使用し, 並列出力は, Q_0 から Q_3 の端子に得られる. また, 並直列変換の場合は, ダイレクトセット S_D 端子を使用してデータをプリセットし, それをシフトパルスでシフトして Q_3 端子から直列出力する.

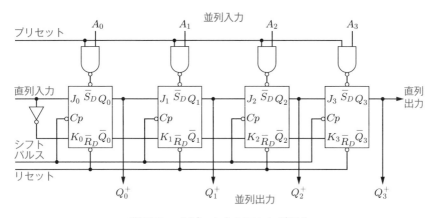

図 5.33　4 ビット右シフトレジスタ

5.6　カウンタの設計

5.6.1　2^n 進カウンタ

　もっとも単純なカウンタ (counter) の構成は，2^n 進，すなわち 2 進，4 進，8 進，16 進，…のカウンタである．T-FF は 1 個で 2 進カウンタなので，これを図 5.34 のように直列接続するだけで非同期式 2^n 進カウンタが構成できる．このときのタイミングチャートを図 5.35 に示す．これは，前段の出力変化 (立ち下がり) が次の段に伝搬するので，リップルカウンタ (ripple；さざ波) という．

　図 5.36 は JK-FF で構成した同期式 2^n 進カウンタで，けた上がりする直前のカウントは $2^n - 1$ である．けた上がりする FF より下位けたの各段の FF 出力はすべて 1 なので，これをけた上がりの条件として次段の J, K へ入力する．入力 J, K

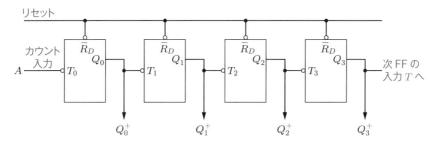

図 5.34　非同期式 2^n 進カウンタ

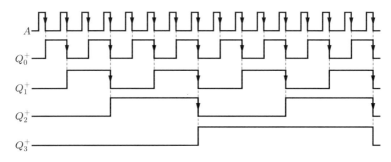

図 5.35　**2^n 進カウンタのタイミングチャート**

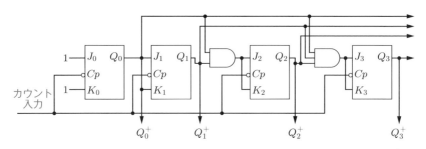

図 5.36　**同期式 2^n 進カウンタ**

がともに 1 のときに，Cp が入力されると出力が反転するので，次のカウント入力を Cp に同期させてカウントアップする．これには，段数が増加するにつれて条件を与える AND ゲートの入力線数が多くなるという欠点がある．

5.6.2　非同期式 n 進カウンタ

カウンタの設計に際して考慮しなければならないことは，設計に必要な FF の個数である．2^n 進数 1 けたを実現するには n 個の FF がいるので，設計したいカウンタが 2^{n-1} 進数と 2^n 進数の間にある場合は n 個必要である．

非同期式カウンタ (asynchronous counter) の構成法にはいろいろあるが，一つの方法を 7 進カウンタを例にして示す．記憶すべき状態数が 7 なので，必要な FF の個数は 3 個である．遷移表を表 5.14 に，回路構成の手順を図 5.37 に示す．これは 7 個目のカウント入力で，各 FF の出力をオール 0 に戻す工夫を行うものである．

1. 図 5.37(a) のように，3 個の FF で 8 進リップルカウンタを構成する．リップルカウンタなので，各段の FF の出力は，Cp への入力が 1 から 0 に変化した

表 5.14　7 進カウンタ

カウント	Q_2^+	Q_1^+	Q_0^+
0	0	0	0
1	0	0	1
		↓	↓
2	0	1	0
3	0	1	1
	↓	↓	↓
4	1	0	0
5	1	0	1
		↓	↓
6	1	1	0
	↓③	↓②	↓①
7	0	0	0

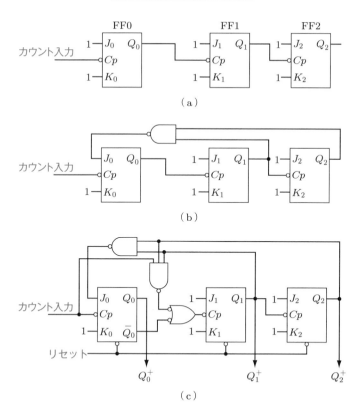

図 5.37　非同期式 7 進カウンタ

ときに影響を受ける．すなわち，遷移表からもわかるように，Q_1, Q_2 の出力は，それぞれ Q_0, Q_1 の出力が 1 から 0 に変化したときに影響を受ける．

2. Q_0 の出力 (①) を工夫する．リップルカウンタのままでは，カウント 7 のときに Q_0 から 1 が出力されるので，図 5.37(b) のようにカウント 6 のときの出力 ($Q_1 = 1, Q_2 = 1$) を入力条件として，J_0 に 0 を入力し，カウント 7 で Q_0 の出力を強制的に 0 にする．

3. Q_1 の出力 (②) を工夫する．Q_0 の場合と同様に，図 5.37(c) のようにカウント 6 の出力条件とカウント 7 の入力で Q_1 の出力を反転させる．同時に通常のカウントアップ入力も OR 接続するが，ここでは NAND ゲートで構成したために OR 入力を $\overline{Q_0}$ からとっている．

4. Q_2 の出力 (③) は自動的に 0 になる．Q_1 の出力が 1 から 0 に変化するので影響を受けて反転し，出力 0 が得られる．

5.6.3 同期式 n 進カウンタ

同期式カウンタ (synchronous counter) の設計は，順序回路のそれと同様である．以下では，例題 5.10 と例題 5.11 に示した 3 進カウンタの設計手順に従って，6 進カウンタと BCD (10 進) カウンタの設計法を示す．

例題 5.13 同期式 6 進カウンタを JK-FF を用いて設計せよ．

解答 設計手順は 5.4.2 項でまとめた順序回路と同様である．記憶すべき状態数が 6 なので，必要な FF の個数は 3 個である．6 進カウンタは，カウント入力 6 のときにけた上がりするので，現在の状態が 5 のときに入力があると，次の状態は 0 に戻ってけた上がり ($Z = 1$) を出力する．また，現在の状態が 6 や 7 となることはないので，この符号に対する次の状態も出現することはなく，ドントケア項とみなすことができる．状態の符号化を行い，カウント入力変数を A とすると，表 5.15 の遷移表が得られる．

この表は，入力 A がないとき ($A = 0$) は，記憶すべき次の状態 (Q_0^+, Q_1^+, Q_2^+) は現在の状態 (Q_0, Q_1, Q_2) のままで，入力 A があるとき ($A = 1$) にカウントアップすることを示している．遷移表から，各 FF が記憶すべき次の状態 Q^+ とけた上がり出力 Z のカルノー図である図 5.38 が得られる．

表 5.15　　6進カウンタの遷移表

現在の状態			次の状態						出力
			入力 $A=0$			入力 $A=1$			
Q_2	Q_1	Q_0	Q_2^+	Q_1^+	Q_0^+	Q_2^+	Q_1^+	Q_0^+	Z
0	0	0	0	0	0	0	0	1	0
0	0	1	0	0	1	0	1	0	0
0	1	0	0	1	0	0	1	1	0
0	1	1	0	1	1	1	0	0	0
1	0	0	1	0	0	1	0	1	0
1	0	1	1	0	1	0	0	0	1
1	1	0	×	×	×	×	×	×	×
1	1	1	×	×	×	×	×	×	×

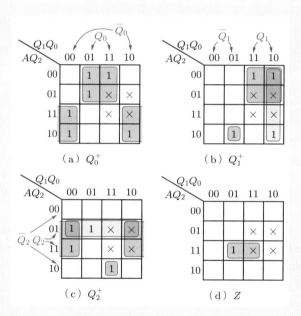

図 5.38　　6進カウンタのカルノー図

　カルノー図から簡単化した特性方程式を求めるが，このとき注意しなければならないのは，入力方程式の g_1, g_2 を求めるには，応用方程式の Q, $\overline{Q}$ に対応させて簡単化しなければならないことである．Q_0^+, Q_1^+, Q_2^+ ごとに応用方程式に対応させた特性方程式を求め，これから g_1, g_2 を求める．

$$Q_0^+ = \overline{A}Q_0 + A\overline{Q}_0$$
$$g_{1,0} = \overline{A}, \qquad g_{2,0} = A$$

$$Q_1^+ = \overline{A}Q_1 + \overline{Q}_0 Q_1 + A\overline{Q}_2 Q_0 \overline{Q}_1 = (\overline{A} + \overline{Q}_0)Q_1 + A\overline{Q}_2 Q_0 \overline{Q}_1$$
$$= \overline{AQ_0}Q_1 + A\overline{Q}_2 Q_0 \overline{Q}_1$$
$$g_{1,1} = \overline{AQ_0}, \qquad g_{2,1} = A\overline{Q}_2 Q_0$$
$$Q_2^+ = \overline{A}Q_2 + \overline{Q}_0 Q_2 + A Q_1 Q_0 \overline{Q}_2 = (\overline{A} + \overline{Q}_0)Q_2 + A Q_1 Q_0 \overline{Q}_2$$
$$= \overline{AQ_0}Q_2 + A Q_1 Q_0 \overline{Q}_2$$
$$g_{1,2} = \overline{AQ_0}, \qquad g_{2,2} = A Q_1 Q_0$$

設計に使用する JK-FF は Cp に同期して動作するので，この Cp を入力 A として流用すればよい．カウント入力 A は Cp があるときのみ動作するので，$A = 1$ とみなすことができる．

JK-FF の入力方程式は次式である．

$$J = g_2, \qquad K = \overline{g}_1$$

上式に g_1, g_2 を代入すれば，JK-FF を制御する入力方程式が得られる．

$$J_0 = g_{2,0} = 1, \qquad\quad K_0 = \overline{g}_{1,0} = 1$$
$$J_1 = g_{2,1} = \overline{Q}_2 Q_0, \qquad K_1 = \overline{g}_{1,1} = Q_0$$
$$J_2 = g_{2,2} = Q_1 Q_0, \qquad K_2 = \overline{g}_{1,2} = Q_0$$

また，出力 Z はカルノー図から，

$$Z = A Q_2 Q_0$$

となる．ゆえに，J_0, K_0 を下位ビットとすると，回路構成は図 5.39 となる．

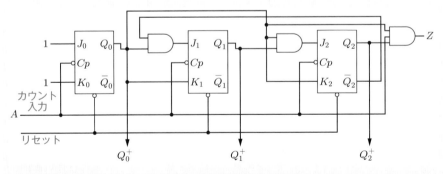

図 5.39　　同期式 6 進カウンタ

<table>
<tr><td>例題
5.14</td><td>同期式 10 進 (BCD) カウンタを JK-FF を用いて設計せよ.</td></tr>
</table>

解答　10 進カウンタに必要な FF の個数は 4 個で，入力カウントが 10 のときけた
上がりする．状態の BCD 符号化を行い，カウント入力変数を A とすると，表 5.16
の遷移表が得られる．10 進数の 10 から 15 に相当する項は，ドントケア項である．遷
移表から図 5.40 のカルノー図が得られる．$Q_0^+, Q_1^+, Q_2^+, Q_3^+$ ごとに $Q, \overline{Q}$ が出るよ
うに特性方程式を求め，入力方程式のための g_1, g_2 を得る．

$$Q_0^+ = \overline{A}\,\overline{Q_2}Q_0 + \overline{A}Q_2Q_0 + AQ_1\overline{Q_0} + A\overline{Q_1}\,\overline{Q_0} = \overline{A}Q_0 + A\overline{Q_0}$$

$$g_{1,0} = \overline{A}, \qquad g_{2,0} = A$$

$$Q_1^+ = \overline{A}Q_1 + \overline{Q_0}Q_1 + A\overline{Q_3}\,\overline{Q_2}\,\overline{Q_1}Q_0 + A\overline{Q_3}Q_2\overline{Q_1}Q_0$$

$$= (\overline{AQ_0})Q_1 + A\overline{Q_3}Q_0\overline{Q_1}$$

$$g_{1,1} = \overline{AQ_0}, \qquad g_{2,1} = A\overline{Q_3}Q_0$$

$$Q_2^+ = \overline{A}Q_2 + \overline{Q_0}Q_2 + \overline{Q_1}Q_2 + AQ_1Q_0\overline{Q_2} = \overline{AQ_0Q_1}Q_2 + AQ_1Q_0\overline{Q_2}$$

$$g_{1,2} = \overline{AQ_0Q_1}, \qquad g_{2,2} = AQ_1Q_0$$

$$Q_3^+ = \overline{A}Q_3 + \overline{Q_0}Q_3 + AQ_2Q_1Q_0\overline{Q_3} = (\overline{A} + \overline{Q_0})Q_3 + AQ_2Q_1Q_0\overline{Q_3}$$

$$g_{1,3} = \overline{AQ_0}, \qquad g_{2,3} = AQ_2Q_1Q_0$$

表 5.16　　BCD カウンタの遷移表

現在の状態				次の状態								出力
				入力 $A = 0$				入力 $A = 1$				
Q_3	Q_2	Q_1	Q_0	Q_3^+	Q_2^+	Q_1^+	Q_0^+	Q_3^+	Q_2^+	Q_1^+	Q_0^+	Z
0	0	0	0	0	0	0	0	0	0	0	1	0
0	0	0	1	0	0	0	1	0	0	1	0	0
0	0	1	0	0	0	1	0	0	0	1	1	0
0	0	1	1	0	0	1	1	0	1	0	0	0
0	1	0	0	0	1	0	0	0	1	0	1	0
0	1	0	1	0	1	0	1	0	1	1	0	0
0	1	1	0	0	1	1	0	0	1	1	1	0
0	1	1	1	0	1	1	1	1	0	0	0	0
1	0	0	0	1	0	0	0	1	0	0	1	0
1	0	0	1	1	0	0	1	0	0	0	0	1
1	0	1	0	×	×	×	×	×	×	×	×	×
1	0	1	1	×	×	×	×	×	×	×	×	×
1	1	0	0	×	×	×	×	×	×	×	×	×
1	1	0	1	×	×	×	×	×	×	×	×	×
1	1	1	0	×	×	×	×	×	×	×	×	×
1	1	1	1	×	×	×	×	×	×	×	×	×

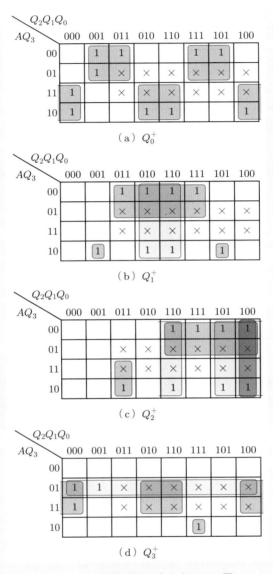

図 5.40　BCD カウンタのカルノー図

JK-FF なので，例題 5.13 と同様に $Cp = A = 1$ とみなせる．JK-FF の入力方程式は $J = g_2$，$K = \bar{g}_1$ なので，これらに g_1，g_2 を代入すれば，JK-FF を制御する入力方程式が得られる．

$$J_0 = g_{2,0} = 1, \qquad\qquad K_0 = \bar{g}_{1,0} = 1$$

$$J_1 = g_{2,1} = \overline{Q_3}Q_0, \qquad K_1 = \overline{g}_{1,1} = Q_0$$

$$J_2 = g_{2,2} = Q_1Q_0, \qquad K_2 = \overline{g}_{1,2} = Q_1Q_0$$

$$J_3 = g_{2,3} = Q_2Q_1Q_0, \qquad K_3 = \overline{g}_{1,3} = Q_0$$

回路構成を図 5.41 に示す．出力は省略する．

以上が同期式 n 進カウンタの設計手順である．これらの例題はカウントアップの符号として 2 進数を用いたが，設計したいカウンタの遷移表さえ作成すれば，グレイ符号やその他の符号を使用した任意のカウンタを同様の手順で機械的に設計することができる．また，数の大きなカウンタは，小さなカウンタを直列接続してもよい．たとえば，30 進カウンタは 5×6，すなわち 5 進カウンタの出力を 6 進カウンタの入力へ直列接続 (非同期) すればよい．

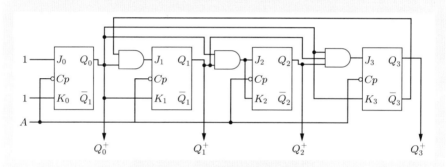

図 5.41　同期式 BCD カウンタ

本章のまとめ

1. 順序回路は，入力だけでなく過去の入力によって得られた現在の状態にも影響されて，次の状態と出力が決まる回路である．順序回路を直観的に理解できるもっとも典型的な具体例は，カウンタである．

2. 順序回路に使用する 1 ビットの記憶素子をフリップフロップ (FF) という．FF には，SR-FF, JK-FF, T-FF, D-FF の 4 種類がある．

3. 順序回路の設計には状態遷移表が用いられる．設計は，設計したい回路を特性方程式で表し，その式を応用方程式に対応させ，使用する FF の入力方程式を求める，という手順で行う．

4. レジスタは置数器のことで，データの一時記憶装置として使用される．けた移動機能をもつレジスタをシフトレジスタという．

5. もっとも単純なカウンタの構成は 2^n 進カウンタである．2^n 進カウンタは，非同期式カウンタの設計が容易にできるという特徴がある．

6. 非同期式カウンタの設計にはさまざまな方法があるが，同期式カウンタの設計は順序回路の場合と同様である．

演習問題

5.1 組合せ回路と順序回路の違いを具体的に述べよ．

5.2 SR-FF, T-FF, JK-FF, D-FF を遷移表で示し，動作を説明せよ．また，それらの特性方程式を求めよ．

5.3 T-FF と D-FF について，応用方程式と特性方程式の関係を示し，これからそれぞれ入力方程式 (式 (5.16) と式 (5.17)) を求めよ．

5.4 図 5.19 の D-FF を SR-FF で設計せよ．

5.5 D-FF を JK-FF で設計せよ．

5.6 T-FF を D-FF で設計せよ．

5.7 表 5.17 に示す遷移表の順序回路を JK-FF で設計せよ．

表 5.17　**遷移表**

現在の状態	次の状態	
	入力 $A = 0$	入力 $A = 1$
S_0	S_0	S_1
S_1	S_1	S_3
S_2	S_2	S_6
S_3	S_3	S_2
S_4	$\times$	$\times$
S_5	$\times$	$\times$
S_6	S_6	S_7
S_7	S_7	S_0

5.8 SR-FF を用いて 2 ビット右シフトレジスタを設計せよ．

5.9 5 進，10 進，20 進カウンタについて，状態割り当てに必要なビット数はそれぞれ何ビットか．

5.10 非同期式 5 進カウンタを JK-FF で設計せよ．

5.11 同期式 3 進カウンタを D-FF で設計せよ．

5.12 グレイ符号の同期式 3 進カウンタを T-FF で設計せよ．

5.13 同期式 5 進カウンタを D-FF で設計せよ．

5.14 同期式 7 進カウンタを JK-FF で設計せよ．

5.15 グレイ符号の同期式 7 進カウンタを JK-FF で設計せよ．

演習問題解答

1.1 (1) $(7F5D)_{16} = 7 \times 16^3 + 15 \times 16^2 + 5 \times 16 + 13$

(2) $(11010110)_2 = 1 \times 2^7 + 1 \times 2^6 + 0 \times 2^5 + 1 \times 2^4 + 0 \times 2^3 + 1 \times 2^2 + 1 \times 2 + 0$

(3) $(3456)_8 = 3 \times 8^3 + 4 \times 8^2 + 5 \times 8 + 6$

1.2 $(273)_{10} = (111)_{16} = (1\ 0001\ 0001)_2 = (421)_8$

10 進数 → 16 進数 → 2 進数 (4 けたに対応) → 8 進数 (3 けたに対応)

$(234)_8 = (10\ 011\ 100)_2 = (9C)_{16} = (156)_{10}$

8 進数 → 2 進数 (3 けたに対応) → 16 進数 (4 けたに対応) → 10 進数

$(4AC7)_{16} = (100\ 1010\ 1100\ 0111)_2 = (45307)_8 = (19143)_{10}$

$(11\ 0110\ 1011)_2 = (36B)_{16} = (1553)_8 = (875)_{10}$

1.3 $(0.543)_{10} = (0.8B)_{16} = (0.100\ 010\ 11)_2 = (0.426)_8$

10 進数 → 16 進数 → 2 進数 (4 けたに対応) → 8 進数 (3 けたに対応)

$(0.457)_8 = (0.1001\ 0111\ 1)_2 = (0.978)_{16} = (0.592)_{10}$

$(0.6CF)_{16} = (0.011\ 011\ 001\ 111)_2 = (0.3317)_8 = (0.4255)_{10}$

$(0.110\ 11)_2 = (0.66)_8 = (0.D8)_{16} = (0.84375)_{10}$

1.4 (1) $(23.45)_{10} = (17.73)_{16} = (1\ 0111.0111\ 0011)_2$

(2) $(23.45)_8 = (13.94)_{16} = (1\ 0011.1001\ 01)_2$

(3) $(3AC.8B)_{16} = (11\ 1010\ 1100.1000\ 1011)_2 = (940.543)_{10}$

(4) $(1101\ 0111\ 1011\ 1101)_2 = (D7BD)_{16} = (55229)_{10}$

1.5 (1) 10010001   (2) 0100101   (3) DFC   (4) 7AD   (5) 067

(6) 0DF

1.6 (1) 1 の補数…0100100, 1001001   2 の補数…0100101, 1001010

(2) $(877)_{10}, (544)_8, (655)_9, (A5C1)_{16}$

(3) 符号付き…$(-128 \sim +127)_{10} = (80 \sim 7F)_{16}$

符号無し…$(0 \sim 255)_{10} = (00 \sim FF)_{16}$

1.7 (1)
```
  1101 0111      −41
+)1100 1011    +)−53
  1010 0010      −94
```
(2)
```
  01011110      +94
+)10110111    +)−73
  00010101      +21
```

(3)
```
  0110 1000     +104
+)1000 1000   +)−120
  1111 0000    − 16
```
(4)
```
  1000 0011     −125
+)0000 1000   +)+  8
  1000 1011     −117
```

(5)
```
  5B6A
+)9843
  F3AD…再補数 −0C53
```
(6)
```
  E635
+)B358
  1998D…+998D
```

$$\text{(7)} \quad \begin{array}{r} \text{A6FD} \\ +)\ \underline{8802} \\ \text{12EFF}\cdots +\text{2EFF} \end{array}$$

$$\text{(8)} \quad \begin{array}{r} \text{6CCE} \\ +)\ \underline{43C1} \\ \text{B08F}\cdots\text{再補数}\ -\text{4F71} \end{array}$$

1.8　省略

1.9　$(001100)_2 - (010110)_2 = (001100)_2 + (101001)_2 = (110110)_2 = (-10)_{10}$

1.10 (1)　11101101, 11111001 　　(2)　11011011, 11001011

(3)　$(1011\ 0110)_2 = (182)_{10} = (0001\ 1000\ 0010)_{\text{BCD}} = (0100\ 1011\ 0101)_{3\,\text{余り}}$

(4)　1　9　8　3　A　B　C　Z

B1　39　B8　33　41　42　C3　5A　…16進数

177　57　184　51　65　66　195　90　…10進数

(5)　10進数を加算 $(885)_{10} = (375)_{16} = (0000\ 0011\ 0111\ 0101)_2 \rightarrow$ 下位8ビットの2の補数をとると 10001011

第2章

2.1 (1)

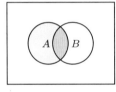

解図 2.1

(2)

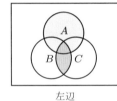 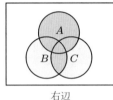

左辺　　　　　　　　右辺　　　　　　解図 2.2

2.2 (1), (2)　解表 2.1

A	$A \vee 1$	$A \vee 0$
0	1	0
1	1	1

(3)　解表 2.2

A	B	$A \wedge B$	$A \vee (A \wedge B)$
0	0	0	0
0	1	0	0
1	0	0	1
1	1	1	1

(4)　解表 2.3

A	B	AB	$\overline{AB}$	$\overline{A}$	$\overline{B}$	$\overline{A} + \overline{B}$
0	0	0	1	1	1	1
0	1	0	1	1	0	1
1	0	0	1	0	1	1
1	1	1	0	0	0	0

2.3 (1)　　B　　　(2)　0　　　(3)　$C+D$　　　(4)　A　　　(5)　A

2.4 (1)　$AB + \overline{B} = AB + \overline{B}(A + \overline{A}) = AB + A\overline{B} + \overline{A}\,\overline{B} = A(B + \overline{B}) + \overline{B}(A + \overline{A})$
　　　　　$= A + \overline{B}$

　　(2)　$(A + B)(A + \overline{B}) = AA + A\overline{B} + AB + B\overline{B} = A + A\overline{B} + AB$
　　　　　　　　$= A(1 + \overline{B} + B) = A$

　　(3)　$(A + B)(A + C) = AA + AC + BA + BC = A + AC + BA + BC$
　　　　　　　　$= A(1 + C + B) + BC = A + BC$

　　(4)　$AB(C + \overline{C}) + \overline{A}BC = ABC + AB\overline{C} + \overline{A}BC = AB(C + \overline{C}) + BC(A + \overline{A})$
　　　　　　　　$= AB + BC$

　　(5)　$((A + B) + C)(\overline{A} + B) = (A + B)\overline{A} + (A + B)B + C\overline{A} + CB$
　　　　　　　　　　$= \overline{A}B + AB + B + C\overline{A} + CB$
　　　　　　　　　　$= B(\overline{A} + A + 1 + C) + C\overline{A} = B + C\overline{A}$

　　(6)　$((\overline{A} + B) + C)((AB + \overline{B}C) + \overline{C}A)$
　　　　　　$= (\overline{A} + B)(AB + \overline{B}C) + (\overline{A} + B)\overline{C}A + C(AB + \overline{B}C)$
　　　　　　$= \overline{A}\,\overline{B}C + AB + AB\overline{C} + ABC + \overline{B}C = AB(1 + \overline{C} + C) + \overline{B}C(\overline{A} + 1)$
　　　　　　$= AB + \overline{B}C$

2.5 (1), (2), (3) の加法形は，加法標準形を求めて真理値表を求め，$Z = 0$ に着目して乗法標準形を得る．

　　(4), (5) の乗法形は，$\overline{Z}$ の加法標準形を求めて真理値表を得る．真理値表から，Z の加法標準形と乗法標準形を得る．

　　(6), (7) の Exclusive OR は，一方の否定変数と他方の肯定変数の AND 項，および一方の肯定変数と他方の否定変数の AND 項を OR 接続する手順を繰り返して加法標準形を求め，真理値表を作成して乗法標準形を得る．

　　(1)　$Z = A(B + \overline{B})(C + \overline{C}) + \overline{B}C(A + \overline{A})$
　　　　　$= \overline{A}\,\overline{B}C + A\overline{B}\,\overline{C} + A\overline{B}C + AB\overline{C} + ABC$
　　　　$Z = (A + B + C)(A + \overline{B} + C)(A + \overline{B} + \overline{C})$

　　(2)　$Z = ABC + AB\overline{C} + A\overline{B}C + \overline{A}BC + \overline{A}\,\overline{B}\,\overline{C}$
　　　　$Z = (A + \overline{B} + \overline{C})(\overline{A} + B + C)(A + \overline{B} + C)$

　　(3)　$Z = \overline{A}B + \overline{A}\,\overline{B} + A\overline{B},\ \ Z = (\overline{A} + \overline{B})$

　　(4)　$\overline{Z} = \overline{A}B + \overline{B}C = \overline{A}BC + \overline{A}B\overline{C} + A\overline{B}C + \overline{A}\,\overline{B}C \cdots \overline{Z}$ の加法標準形
　　　　　各項が 0 となる真理値表を作成する．
　　　　$Z = ABC + AB\overline{C} + A\overline{B}\,\overline{C} + \overline{A}\,\overline{B}\,\overline{C}$
　　　　$Z = (A + B + \overline{C})(A + \overline{B} + C)(A + \overline{B} + \overline{C})(\overline{A} + B + \overline{C})$

　　(5)　$Z = \overline{A}\,\overline{B}\,\overline{C} + \overline{A}BC + AB\overline{C} + ABC$
　　　　$Z = (A + B + \overline{C})(A + \overline{B} + C)(\overline{A} + B + C)(\overline{A} + B + \overline{C})$

　　(6)　$Z = \overline{A}\,\overline{B} + AB,\ \ \ \ Z = (A + \overline{B})(\overline{A} + B)$

(7) $\quad Z = (A \oplus B) \oplus C = (\overline{A \oplus B})C + (A \oplus B)\overline{C}$

$\quad\quad = \overline{(\overline{A}B + A\overline{B})}C + (\overline{A}B + A\overline{B})\overline{C} = (A + \overline{B})(\overline{A} + B)C + \overline{A}B\overline{C} + A\overline{B}\,\overline{C}$

$\quad\quad = \overline{A}\,\overline{B}C + ABC + \overline{A}B\overline{C} + A\overline{B}\,\overline{C}$

$\quad\quad Z = (A + B + C)(A + \overline{B} + \overline{C})(\overline{A} + B + \overline{C})(\overline{A} + \overline{B} + C)$

2.6 (1) $\quad A(B \oplus C) = A(\overline{B}C + B\overline{C}) = A\overline{B}C + AB\overline{C}$

$\quad\quad AB \oplus CA = \overline{AB}CA + AB\overline{CA} = CA(\overline{A} + \overline{B}) + AB(\overline{C} + \overline{A})$

$\quad\quad\quad = A\overline{A}C + A\overline{B}C + AB\overline{C} + A\overline{A}B = A\overline{B}C + AB\overline{C}$

(2) $\quad A(A \oplus B) = A(\overline{A}B + A\overline{B}) = A\overline{A}B + AA\overline{B} = A\overline{B}$

(3) $\quad Z = (\overline{A}B + A\overline{B})(\overline{B}C + B\overline{C})(\overline{C}A + C\overline{A}) = (\overline{A}B\overline{C} + A\overline{B}C)(\overline{C}A + C\overline{A})$

$\quad\quad = \overline{A}B\overline{C} \cdot \overline{C}A + \overline{A}B\overline{C} \cdot C\overline{A} + A\overline{B}C \cdot \overline{C}A + A\overline{B}C \cdot C\overline{A} = 0$

(4) $\quad A \oplus C(B \oplus A) = \overline{A}C(B \oplus A) + A\overline{C(B \oplus A)}$

$\quad\quad\quad\quad = \overline{A}C(A\overline{B} + \overline{A}B) + A(\overline{C} + \overline{(B \oplus A)})$

$\quad\quad\quad\quad = 0 + \overline{A}BC + A\overline{C} + A(AB + \overline{A}\,\overline{B})$

$\quad\quad\quad\quad = \overline{A}BC + A\overline{C} + AB = \overline{A}BC + AB\overline{C} + A\overline{B}\,\overline{C} + ABC$

$\quad\quad\quad\quad = BC + A\overline{C}$

2.7 (1) $\quad Z = A\overline{B}(C + \overline{C}) + B\overline{C}(A + \overline{A}) + \overline{C}A(B + \overline{B})$

$\quad\quad = A\overline{B}C + A\overline{B}\,\overline{C} + AB\overline{C} + \overline{A}B\overline{C} + \overline{A}\,\overline{B}\,\overline{C}$

$\quad\quad$ Z の各最小項が 1 である真理値表 (解表 2.4) を作る.

(2) 乗法形なので $\overline{Z}$ の加法標準形を求め，$\overline{Z}$ の各最小項が 0 である真理値表 (解表 2.5) を作る.

$\quad\quad \overline{Z} = \overline{(\overline{A} + B)(B + \overline{C})} = \overline{(\overline{A} + B)} + \overline{(B + \overline{C})} = A\overline{B} + B\overline{C}$

$\quad\quad = A\overline{B}C + A\overline{B}\,\overline{C} + \overline{A}B\overline{C}$

解表 2.4

A	B	C	Z
0	0	0	1
0	0	1	0
0	1	0	1
0	1	1	0
1	0	0	1
1	0	1	1
1	1	0	1
1	1	1	0

解表 2.5

A	B	C	Z
0	0	0	1
0	0	1	0
0	1	0	1
0	1	1	1
1	0	0	0
1	0	1	0
1	1	0	1
1	1	1	1

2.8 $\quad Z = 1$ に着目し，$Z = \overline{A}B\overline{C} + \overline{A}BC + A\overline{B}C + ABC = \overline{A}B + AC$

$\quad\quad Z = 0$ に着目し，$Z = (A + B + C)(A + B + \overline{C})(\overline{A} + B + C)(\overline{A} + \overline{B} + C)$

$\quad\quad\quad\quad \overline{Z} = \overline{A}\,\overline{B}\,\overline{C} + \overline{A}\,\overline{B}C + A\overline{B}\,\overline{C} + AB\overline{C} = \overline{A}\,\overline{B} + A\overline{C}$

$\quad\quad\quad\quad Z = \overline{\overline{Z}} = \overline{\overline{A}\,\overline{B} + A\overline{C}} = \overline{\overline{A}\,\overline{B}} \cdot \overline{A\overline{C}} = (A + B)(\overline{A} + C)$

2.9 (1) $A + \overline{B} = \overline{\overline{A + \overline{B}}} = \overline{\overline{A}B}$ （解図 2.3）

(2) $AB + \overline{A}\,\overline{B} = A\overline{A} + B\overline{B} + AB + \overline{A}\,\overline{B} = A(\overline{A} + B) + \overline{B}(\overline{A} + B)$

$\qquad = (A + \overline{B})(\overline{A} + B) = \overline{\overline{(A + \overline{B})(\overline{A} + B)}}$

$\qquad = \overline{\overline{(A + \overline{B})} + \overline{(\overline{A} + B)}} \cdots \text{NOR のみ} （解図 2.4(a)）$

$AB + \overline{A}\,\overline{B} = \overline{\overline{AB + \overline{A}\,\overline{B}}} = \overline{\overline{AB}\ \overline{\overline{A}\,\overline{B}}} \cdots \text{NAND のみ} （解図 2.4(b)）$

(3) NAND のみは例題 2.8 の解答と同じ.

$\overline{A}B + A\overline{B} = A\overline{A} + B\overline{B} + \overline{A}B + A\overline{B} = A(\overline{A} + \overline{B}) + B(\overline{A} + \overline{B})$

$\qquad = (A + B)(\overline{A} + \overline{B}) = \overline{\overline{(A + B)(\overline{A} + \overline{B})}}$

$\qquad = \overline{\overline{(A + B)} + \overline{(\overline{A} + \overline{B})}} \cdots \text{NOR のみ} （回路構成は省略）$

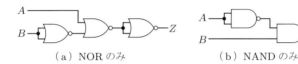

（a）NOR のみ　　　　　　　（b）NAND のみ

解図 2.3　$A + \overline{B}$ の回路構成

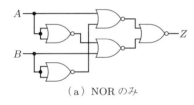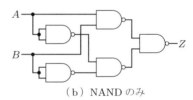

（a）NOR のみ　　　　　　　　　（b）NAND のみ

解図 2.4　$AB + \overline{A}\,\overline{B}$ の回路構成

2.10 (1) $\overline{0} \cdot 1 + \overline{1} \cdot 0 = 1 \cdot 1 + 0 \cdot 0 = 1$

(2) $(1 \oplus A) \oplus \overline{B} = (\overline{1} \cdot A + \overline{A} \cdot 1) \oplus \overline{B} = \overline{A} \oplus \overline{B} = \overline{A}\overline{B} + A B$

(3) $\overline{1} \cdot \overline{A} + A \cdot 1 = 0 \cdot \overline{A} + A = A$

(4) $\overline{A} \cdot AB + \overline{AB} \cdot A = 0 + (\overline{A} + \overline{B})A = A\overline{A} + A\overline{B} = A\overline{B}$

2.11 式 (2.63) に Exclusive NOR の真理値を代入する.

$Z = 1 \oplus A\{1 \oplus 0\} \oplus B\{1 \oplus 0\} \oplus AB\{1 \oplus 0 \oplus 0 \oplus 1\} = 1 \oplus A \oplus B$

2.12 (1) 式 (2.63) に解表 2.6 の真理値を代入する.

$\qquad Z = 1 \oplus A\{1 \oplus 0\} \oplus B\{1 \oplus 1\} \oplus AB\{1 \oplus 1 \oplus 0 \oplus 1\}$

$\qquad\quad = 1 \oplus A \oplus AB$

(2) 加法標準形を求め，それより解表 2.7 を得る．表より，

$\qquad Z = f(0,0,0) \oplus A\{f(0,0,0) \oplus f(1,0,0)\}$

$\qquad\qquad \oplus B\{f(0,0,0) \oplus f(0,1,0)\} \oplus C\{f(0,0,0) \oplus f(0,0,1)\}$

解表 2.6

A	B	Z
0	0	1
0	1	1
1	0	0
1	1	1

$$\oplus AB\{f(0,0,0) \oplus f(0,1,0) \oplus f(1,0,0) \oplus f(1,1,0)\}$$
$$\oplus BC\{f(0,0,0) \oplus f(0,0,1) \oplus f(0,1,0) \oplus f(0,1,1)\}$$
$$\oplus CA\{f(0,0,0) \oplus f(1,0,0) \oplus f(0,0,1) \oplus f(1,0,1)\}$$
$$\oplus ABC\{f(0,0,0) \oplus f(0,0,1) \oplus f(0,1,0) \oplus f(0,1,1)$$
$$\oplus f(1,0,0) \oplus f(1,0,1) \oplus f(1,1,0) \oplus f(1,1,1)\}$$

解表 2.7

A	B	C	Z
0	0	0	0
0	0	1	1
0	1	0	1
0	1	1	1
1	0	0	0
1	0	1	1
1	1	0	0
1	1	1	0

$$Z = 0 \oplus A\{0 \oplus 0\} \oplus B\{0 \oplus 1\} \oplus C\{0 \oplus 1\}$$
$$\oplus AB\{0 \oplus 1 \oplus 0 \oplus 0\} \oplus BC\{0 \oplus 1 \oplus 1 \oplus 1\}$$
$$\oplus CA\{0 \oplus 0 \oplus 1 \oplus 1\}$$
$$\oplus ABC\{0 \oplus 1 \oplus 1 \oplus 1 \oplus 0 \oplus 1 \oplus 0 \oplus 0\}$$
$$= B \oplus C \oplus AB \oplus BC$$

(検算) $\quad (B \oplus AB) \oplus (C \oplus BC)$
$$= B(1 \oplus A) \oplus C(1 \oplus B) = B\overline{A} \oplus C\overline{B}$$
$$= \overline{\overline{AB}}\,\overline{BC} + \overline{\overline{BC}}\,\overline{AB}$$
$$= (A + \overline{B})\overline{BC} + (B + \overline{C})\overline{AB}$$
$$= A\overline{BC} + \overline{A}\,\overline{BC} + \overline{A}BC + \overline{A}B\overline{C} = \overline{AB} + \overline{BC}$$

2.13 (1) $\overline{Z} = (\overline{A} + \overline{B})(\overline{C} + \overline{D})$ (2) $\overline{Z} = A\overline{B}C\overline{D}$ (3) $\overline{Z} = A\overline{B} + \overline{A}B$

2.14 (1)

解図 2.5　　　　　　　　　　解図 2.6

(3) XOR は 2 入力のみ

または

解図 2.7

3.1 (1) $Z = A + B$ (2) $Z = A\overline{B}$

(3) $Z = AB + \overline{A}\,\overline{B} + CA$ または $AB + \overline{A}\,\overline{B} + \overline{B}C$

3.2 (1) $(\overline{A} + B)(A + C) = \overline{A}A + \overline{A}C + AB + BC = \overline{A}C + AB + BC$
$$= \overline{A}BC + \overline{A}\,\overline{B}C + ABC + AB\overline{C}$$
$$= \overline{A}C(B + \overline{B}) + AB(C + \overline{C}) = \overline{A}C + AB$$

(2) $(A+B)(B+C)(\overline{C}+\overline{A}) = (AB+AC+B+BC)(\overline{C}+\overline{A})$
$$= (B(A+1+C)+AC)(\overline{C}+\overline{A})$$
$$= (B+AC)(\overline{C}+\overline{A}) = \overline{A}B+B\overline{C}$$

(3) $(A+\overline{B}+\overline{C})(\overline{A}+\overline{B}+\overline{C}) = (A+\overline{BC})(\overline{A}+\overline{BC}) = A\overline{BC}+\overline{A}\,\overline{BC}+\overline{BC}$
$$= \overline{BC}(A+\overline{A}+1) = \overline{BC} = \overline{B}+\overline{C}$$

(4) $(A+\overline{B})(B+\overline{C})(C+\overline{D}) = (AB+A\overline{C}+\overline{B}\,\overline{C})(C+\overline{D})$
$$= C(AB+A\overline{C}+\overline{B}\,\overline{C})+\overline{D}(AB+A\overline{C}+\overline{B}\,\overline{C})$$
$$= ABC+AB\overline{D}+A\overline{C}\,\overline{D}+\overline{B}\,\overline{C}\,\overline{D}$$
$$= ABC(D+\overline{D})+AB\overline{D}(C+\overline{C})+A\overline{C}\,\overline{D}(B+\overline{B})+\overline{B}\,\overline{C}\,\overline{D}(A+\overline{A})$$
$$= ABCD+ABC\overline{D}+AB\overline{C}\,\overline{D}+AB\overline{C}\,\overline{D}+A\overline{B}\,\overline{C}\,\overline{D}+\overline{A}\,\overline{B}\,\overline{C}\,\overline{D}$$
$$= ABC+\overline{B}\,\overline{C}\,\overline{D}+A\overline{C}\,\overline{D}$$

(5) $(A+D)(B+C+\overline{D}) = (A+D)((B+C)+\overline{D})$
$$= (A+D)(B+C)+\overline{D}(A+D) = AB+AC+BD+CD+A\overline{D}$$
$$= AB(C+\overline{C})(D+\overline{D})+AC(B+\overline{B})(D+\overline{D})+BD(A+\overline{A})(C+\overline{C})$$
$$\quad + CD(A+\overline{A})(B+\overline{B})+A\overline{D}(B+\overline{B})(C+\overline{C})$$
$$= ABCD+ABC\overline{D}+AB\overline{C}D+AB\overline{C}\,\overline{D}+A\overline{B}CD+A\overline{B}C\overline{D}$$
$$\quad + \overline{A}BCD+\overline{A}B\overline{C}D+\overline{A}\,\overline{B}CD+A\overline{B}\,\overline{C}D \qquad\qquad ①$$
$$= BCD+AB\overline{D}+\overline{B}CD+A\overline{B}\,\overline{D}+B\overline{C}D \qquad\qquad ②$$
$$= CD+A\overline{D}+BD$$

①から②への簡単化において，各項できるだけ1回使用の組合せで簡単化する．2回以上の使用は，一度簡単化された最小項が再度簡単化されて，不要な項が増加する．この例では ABC 項が不要である．

3.3 (1) カルノー図の $Z=1$ に着目し，
$Z = \overline{A}B+\overline{B}C+\overline{C}A$ または $A\overline{B}+B\overline{C}+C\overline{A}$
カルノー図の $Z=0$ に着目し，
$\overline{Z} = \overline{A}\,\overline{B}\,\overline{C}+ABC, \quad Z = (A+B+C)(\overline{A}+\overline{B}+\overline{C})$

(2) $Z = A+\overline{B}, \quad \overline{Z} = \overline{A}B, \quad Z = (A+\overline{B})$

(3) $Z = A\overline{B}+C+D, \quad \overline{Z} = \overline{A}\,\overline{C}\,\overline{D}+B\overline{C}\,\overline{D}, \quad Z = (A+C+D)(\overline{B}+C+D)$

(4) $Z = A\overline{B}+A\overline{C}+\overline{C}D, \quad \overline{Z} = \overline{A}C+\overline{A}\,\overline{D}+BC, \quad Z = (A+\overline{C})(A+D)(\overline{B}+\overline{C})$

(5) $Z = \overline{B}\,\overline{D}+C\overline{D}+BD, \quad \overline{Z} = \overline{B}D+B\overline{C}\,\overline{D}, \quad Z = (B+\overline{D})(\overline{B}+C+D)$

(6) $Z = \overline{A}BC+\overline{A}CD+A\overline{B}\,\overline{C}\,\overline{E}+A\overline{C}D\overline{E},$
$\overline{Z} = AC+\overline{C}E\ (\text{または } AE)+\overline{A}\,\overline{C}+\overline{A}\,\overline{B}\,\overline{D}+AB\overline{D}\ (\text{または } B\overline{C}\,\overline{D}),$
$Z = (\overline{A}+\overline{C})(C+\overline{E})(A+C)(A+B+D)(\overline{A}+\overline{B}+D)$

3.4 (1) $\overline{Z} = AB+BC+C\overline{A} = AB+C\overline{A}$
$\overline{Z}$ のカルノー図 $(\overline{Z}=0)$ より，加法形 $Z = A\overline{B}+\overline{C}\,\overline{A}$
$\overline{Z}$ のカルノー図 $(\overline{Z}=1)$ より，$\overline{Z} = AB+C\overline{A}, Z = \overline{\overline{Z}} = \overline{AB+C\overline{A}}$,
乗法形 $Z = (\overline{A}+\overline{B})(\overline{C}+A)$

(2) $\overline{Z} = \overline{A}\,\overline{B} + BC + CA$

$\overline{Z}$ のカルノー図より, $\overline{Z} = C + \overline{A}\,\overline{B}$, 乗法形 $Z = \overline{C}(A + B)$

$\overline{Z}$ のカルノー図より, 加法形 $Z = B\overline{C} + A\overline{C}$

(3) $\overline{Z} = \overline{A}\,\overline{B} + A\overline{C} + B\overline{D} + \overline{C}\,\overline{D}$

$\overline{Z}$ のカルノー図より, $\overline{Z} = A\overline{C} + B\overline{D} + \overline{A}\,\overline{B}$,

乗法形 $Z = \overline{\overline{Z}} = \overline{A\overline{C} + B\overline{D} + \overline{A}\,\overline{B}} = (\overline{A} + C)(\overline{B} + D)(A + B)$

$\overline{Z}$ のカルノー図より, 加法形 $Z = \overline{A}BD + ACD + A\overline{B}C$

(4) $\overline{Z} = \overline{A}\,\overline{B}\,\overline{D} + A\overline{C}\,\overline{D} + AC\overline{D}$

$\overline{Z}$ のカルノー図より, $\overline{Z} = A\overline{D} + \overline{B}\,\overline{D}$, 乗法形 $Z = (\overline{A} + D)(B + D)$

$\overline{Z}$ のカルノー図より, 加法形 $Z = D + \overline{A}B$

(5) $\overline{Z} = A\overline{B}D + BCD + \overline{A}BC\overline{D} + ABC\overline{D}$

$\overline{Z}$ のカルノー図より, $\overline{Z} = BC + A\overline{B}D$, 乗法形 $Z = (\overline{B} + \overline{C})(\overline{A} + B + \overline{D})$

$\overline{Z}$ のカルノー図より, 加法形 $Z = \overline{A}\,\overline{B} + B\overline{C} + \overline{B}\,\overline{D}$

3.5 (1) $Z = B + C$　　(2) $Z = \overline{B} + \overline{C}$　　(3) $Z = \overline{A}D + \overline{A}B\overline{C} + B\overline{C}D$

(4) $Z = A\overline{C}D + \overline{C}DE + A\overline{B}C\overline{D} + \overline{B}C\overline{D}E$

3.6 (3) $Z = D + \overline{A}B\overline{C}$　　(4) $Z = AD + AC + \overline{C}DE + \overline{B}C\overline{D}E$

3.7 $\overline{Z} = \overline{A}\,\overline{B} + A\overline{C} + A\overline{D}$, $\overline{Z}$ のカルノー図より, ドントケア項を用いない場合は $Z = \overline{A}B + ACD$, ドントケア項を用いると $Z = C + \overline{A}B$

3.8 (3) $Z = \overline{A}B + \overline{A}D + BD$　　(4) $Z = A\overline{C}D + AC\overline{D} + C\overline{D}E + \overline{C}DE$

3.9 $\overline{Z}$ のカルノー図より, $Z = \overline{A}B + ACD$ を得て, 6 個の最小項と 4 個のドントケア項で簡単化する.

第4章

4.1　2.1.4 項および 4.2.1 項の図 4.2 を参照.

4.2　2 段の回路図は省略. 3 段 : $Z = BC(A + D) + E(C + F)$, 5 段 : $Z = (B(A + D) + E)C + EF$ となる. 回路図を解図 4.1 に示す.

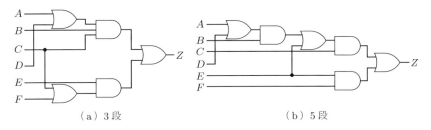

（a）3段　　　　　　　　　　（b）5段

解図 4.1

4.3

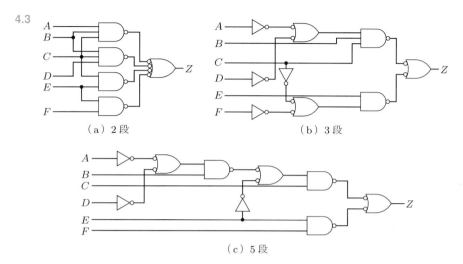

(a) 2段   (b) 3段

(c) 5段

解図 4.2

4.4 (a) $Z = ABC(C + D) + (C + D)(E + F)$

(b)   例題 4.4 の手順で，NAND 構成を解図 4.3 の AND-OR 構成に変換して求める．
$Z = (AB + \overline{C})(\overline{C} + \overline{D}) + D(\overline{E} + \overline{F})$

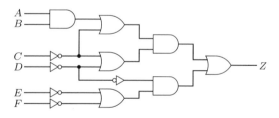

解図 4.3   **AND-OR 構成**

4.5   BCD 符号は重み付き符号なので，真理値表 (解表 4.1) は D を上位ビットとして構成する．偶数パリティなので 1 の個数が偶数個になるように $P = 1$ を記入する．真理値表よりカルノー図 (解図 4.4) を求め，論理関数を得る．
$$P = D\overline{A} + C\overline{B}\,\overline{A} + CBA + \overline{C}B\overline{A} + \overline{D}\,\overline{C}\,\overline{B}A$$
上式を回路構成する (省略)．

4.6   真理値表 (解表 4.2) をカルノー図で示すと解図 4.5 となり，すべての 1 が排他的で簡単化できない．排他的なので，論理関数から排他的論理和 (Exclusive OR) の関数を求める．
$$P = \overline{D}\,\overline{C}\,\overline{B}A + \overline{D}\,\overline{C}B\overline{A} + \overline{D}C\overline{B}\,\overline{A} + \overline{D}CBA$$
$$+ D\overline{C}\,\overline{B}\,\overline{A} + D\overline{C}BA + DC\overline{B}A + DCB\overline{A}$$

解表 4.1

10 進数	D	C	B	A	P
0	0	0	0	0	0
1	0	0	0	1	1
2	0	0	1	0	1
3	0	0	1	1	0
4	0	1	0	0	1
5	0	1	0	1	0
6	0	1	1	0	0
7	0	1	1	1	1
8	1	0	0	0	1
9	1	0	0	1	0

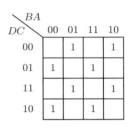

解図 4.4

解表 4.2

D	C	B	A	P	D	C	B	A	P
0	0	0	0	0	1	0	0	0	1
0	0	0	1	1	1	0	0	1	0
0	0	1	0	1	1	0	1	0	0
0	0	1	1	0	1	0	1	1	1
0	1	0	0	1	1	1	0	0	0
0	1	0	1	0	1	1	0	1	1
0	1	1	0	0	1	1	1	0	1
0	1	1	1	1	1	1	1	1	0

解図 4.5

$$= \overline{D}\,\overline{C}(\overline{B}A + B\overline{A}) + \overline{D}C(\overline{B}\,\overline{A} + BA)$$
$$\quad + D\overline{C}(\overline{B}\,\overline{A} + BA) + DC(\overline{B}A + B\overline{A})$$
$$= \overline{D}\,\overline{C}(B \oplus A) + \overline{D}C\overline{(B \oplus A)} + D\overline{C}\,\overline{(B \oplus A)} + DC(B \oplus A)$$
$$= (\overline{D}\,\overline{C} + DC)(B \oplus A) + (\overline{D}C + D\overline{C})\overline{(B \oplus A)}$$
$$= \overline{(D \oplus C)}(B \oplus A) + (D \oplus C)\overline{(B \oplus A)}$$
$$= (D \oplus C) \oplus (B \oplus A)$$

解図 4.6 に回路構成を示す. 図 1.19 に例示した JIS7 単位符号 (7 ビットデータ) に偶数パリティビットを付加してデータ伝送する回路は, 解図 4.6 (4 ビットデータ) に Exclusive OR ゲートを 4 個追加すればよい.

(別解) 偶数パリティビットの付加は, 2 進符号中の 1 の個数が奇数個のときに行うので, 奇数個かどうかを検出すればよい. これは Exclusive OR 演算 ($1 \oplus 1 = 0, 1 \oplus 1 \oplus 1 = 1$) に相当するので, 次式が得られる.

$$P = A \oplus B \oplus C \oplus D$$

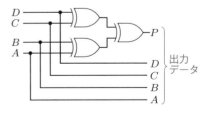

解図 4.6

4.7 パリティビット P も含めて全データの 1 の個数が偶数個であれば，出力 Z が 0 にな
ればよいので，解図 4.7 が得られる．

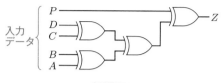

解図 4.7

コンピュータから外部へのデータ入出力のパリティチェック回路は，解図 4.6 や解
図 4.7 のように Exclusive OR ゲートのみを使用して簡単に設計することができる．

4.8 図 4.11 における S_0, S_1, C_0, C_1 を求める．C_1 が上位ビットへの先取りのけた上が
りである．2 ビットの A データを $A_1 A_0$，B データを $B_1 B_0$，前段からのけた上がり
を C^- とする．下位ビット A_0 と B_0 の和 S_0 とけた上がり C_0 および上位ビット A_1
と B_1 の和 S_1 とけた上がり C_1 を求め，2 個の FA を設計する．

解表 4.3 と式 (4.3) より S_0，式 (4.4) から式 (4.5) の C_0 が求められる．$S_0 = 1$ に
着目して加法標準形を求め，Exclusive OR を含む式に変形する．

$$S_0 = \overline{A_0}\,\overline{B_0}C^- + \overline{A_0}B_0\overline{C^-} + A_0\overline{B_0}\,\overline{C^-} + A_0 B_0 C^-$$
$$= C^-(\overline{A_0}\,\overline{B_0} + A_0 B_0) + \overline{C^-}(\overline{A_0}B_0 + A_0\overline{B_0})$$
$$= C^-(\overline{A_0 \oplus B_0}) + \overline{C^-}(A_0 \oplus B_0) = C^- \oplus (A_0 \oplus B_0) \qquad ①$$
$$C_0 = \overline{A_0}B_0 C^- + A_0\overline{B_0}C^- + A_0 B_0\overline{C^-} + A_0 B_0 C^-$$
$$= C^-(\overline{A_0}B_0 + A_0\overline{B_0}) + A_0 B_0(\overline{C^-} + C^-)$$
$$= C^-(A_0 \oplus B_0) + A_0 B_0 \qquad ②$$

同様に，解表 4.4 より S_1，式 (4.4) から式 (4.7) の C_1 が求められる．

$$S_1 = C_0 \oplus (A_1 \oplus B_1) \qquad ③$$
$$C_1 = C_0(A_1 \oplus B_1) + A_1 B_1$$
$$= (C^-(A_0 \oplus B_0) + A_0 B_0)(A_1 \oplus B_1) + A_1 B_1$$
$$= C^-(A_0 \oplus B_0)(A_1 \oplus B_1) + A_0 B_0(A_1 \oplus B_1) + A_1 B_1 \qquad ④$$

解表 4.3　**S_0 と C_0 を求める FA**

A_0	B_0	C^-	S_0	C_0
0	0	0	0	0
0	0	1	1	0
0	1	0	1	0
0	1	1	0	1
1	0	0	1	0
1	0	1	0	1
1	1	0	0	1
1	1	1	1	1

解表 4.4　**S_1 と C_1 を求める FA**

A_1	B_1	C_0	S_1	C_1
0	0	0	0	0
0	0	1	1	0
0	1	0	1	0
0	1	1	0	1
1	0	0	1	0
1	0	1	0	1
1	1	0	0	1
1	1	1	1	1

式①, ②, ③, ④を回路構成すると，図 4.11 の下位 2 ビット (A_0, A_1) の FA 構成になる.

4.9 例題 4.8 について，真理値表 (解表 4.5) を用いて設計する別解を示す.

解表 4.5

A_1	A_0	B_1	B_0	Z_0 $(A > B)$	Z_1 $(A = B)$	Z_2 $(A < B)$
0	0	0	0	0	1	0
0	0	0	1	0	0	1
0	0	1	0	0	0	1
0	0	1	1	0	0	1
0	1	0	0	1	0	0
0	1	0	1	0	1	0
0	1	1	0	0	0	1
0	1	1	1	0	0	1
1	0	0	0	1	0	0
1	0	0	1	1	0	0
1	0	1	0	0	1	0
1	0	1	1	0	0	1
1	1	0	0	1	0	0
1	1	0	1	1	0	0
1	1	1	0	1	0	0
1	1	1	1	0	1	0

$A_1\overline{B_1}$, $\overline{A_1}B_1$, $A_0\overline{B_0}$, $\overline{A_0}B_0$ を用いた Exclusive NOR $\overline{(\overline{A}B + A\overline{B})} = \overline{(A \oplus B)}$ が出現するように，式を変形する.

$$
\begin{aligned}
Z_0 &= \overline{A_1}A_0\overline{B_1}\overline{B_0} + A_1\overline{A_0}\overline{B_1}\overline{B_0} + A_1\overline{A_0}\overline{B_1}B_0 + A_1A_0\overline{B_1}\overline{B_0} + A_1A_0\overline{B_1}B_0 \\
&\quad + A_1A_0B_1\overline{B_0} \\
&= \overline{A_1}A_0\overline{B_1}\overline{B_0} + A_1A_0B_1\overline{B_0} + A_1\overline{A_0}\overline{B_1} + A_1A_0\overline{B_1} \\
&= A_0\overline{B_0}(\overline{A_1}\overline{B_1} + A_1B_1) + A_1\overline{B_1} = A_0\overline{B_0}(\overline{A_1 \oplus B_1}) + A_1\overline{B_1} \\
&= A_0\overline{B_0}(\overline{\overline{A_1}B_1 + A_1\overline{B_1}}) + A_1\overline{B_1} \quad\quad\quad ①
\end{aligned}
$$

$$
\begin{aligned}
Z_1 &= \overline{A_1}\overline{A_0}\overline{B_1}\overline{B_0} + \overline{A_1}A_0\overline{B_1}B_0 + A_1\overline{A_0}B_1\overline{B_0} + A_1A_0B_1B_0 \\
&= \overline{A_1}\overline{B_1}(\overline{A_0}\overline{B_0} + A_0B_0) + A_1B_1(\overline{A_0}\overline{B_0} + A_0B_0) \\
&= (\overline{A_1}\overline{B_1} + A_1B_1)(\overline{A_0}\overline{B_0} + A_0B_0) = (\overline{A_1 \oplus B_1})(\overline{A_0 \oplus B_0}) \\
&= (\overline{\overline{A_1}B_1 + A_1\overline{B_1}})(\overline{\overline{A_0}B_0 + A_0\overline{B_0}}) \quad\quad\quad ②
\end{aligned}
$$

$$
\begin{aligned}
Z_2 &= \overline{A_0}B_0(\overline{A_1}\overline{B_1} + A_1B_1) + \overline{A_1}B_1 = \overline{A_0}B_0(\overline{A_1 \oplus B_1}) + \overline{A_1}B_1 \\
&= \overline{A_0}B_0(\overline{\overline{A_1}B_1 + A_1\overline{B_1}}) + \overline{A_1}B_1 \quad\quad\quad ③
\end{aligned}
$$

$A_1\overline{B_1}$, $\overline{A_1}B_1$, $A_0\overline{B_0}$, $\overline{A_0}B_0$ の AND 出力を得て，式①, ②, ③を回路構成すれば，例題 4.8 の図 4.18 が得られる.

4.10 真理値表 (解表 4.6) と G_0, G_1, G_2, G_3 のカルノー図 (解図 4.8) から論理関数を求めて回路構成する. なお, BCD 符号は 10 進数の 0〜9 までで, 10〜15 の符号は入力として存在しないので, それらの符号はドントケア項として使用することができる.

$$G_3 = D$$
$$G_2 = \overline{C}D + C\overline{D} = C \oplus D$$
$$G_1 = \overline{B}C + B\overline{C} = B \oplus C$$
$$G_0 = \overline{A}B + A\overline{B} = A \oplus B$$

解表 4.6

BCD 符号				グレイ符号			
D	C	B	A	G_3	G_2	G_1	G_0
0	0	0	0	0	0	0	0
0	0	0	1	0	0	0	1
0	0	1	0	0	0	1	1
0	0	1	1	0	0	1	0
0	1	0	0	0	1	1	0
0	1	0	1	0	1	1	1
0	1	1	0	0	1	0	1
0	1	1	1	0	1	0	0
1	0	0	0	1	1	0	0
1	0	0	1	1	1	0	1

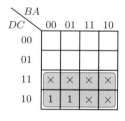

（a）G_3 のカルノー図

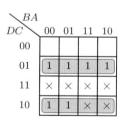

（b）G_2 のカルノー図

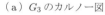

（c）G_1 のカルノー図　　　（d）G_0 のカルノー図

解図 4.8

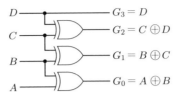

解図 4.9　BCD 符号→グレイ符号

これらの式の回路構成は，解図 4.9 になる．

4.11　真理値表 (解表 4.7) とカルノー図 (解図 4.10) から，2 進符号 (B_3, B_2, B_1, B_0) を
得る．

$$B_3 = G_3$$
$$B_2 = \overline{G_3}G_2 + G_3\overline{G_2} = G_3 \oplus G_2$$
$$B_1 = \overline{G_3}\,\overline{G_2}G_1 + G_3G_2G_1 + \overline{G_3}G_2\overline{G_1} + G_3\overline{G_2}\,\overline{G_1}$$
$$= (\overline{G_3}\,\overline{G_2} + G_3G_2)G_1 + (\overline{G_3}G_2 + G_3\overline{G_2})\overline{G_1}$$
$$= (\overline{G_3 \oplus G_2})G_1 + (G_3 \oplus G_2)\overline{G_1} = (G_3 \oplus G_2) \oplus G_1 = B_2 \oplus G_1$$
$$B_0 = \overline{G_3}\,\overline{G_2}\,\overline{G_1}G_0 + \overline{G_3}\,\overline{G_2}G_1\overline{G_0} + \overline{G_3}G_2G_1G_0 + \overline{G_3}G_2\overline{G_1}\,\overline{G_0} + G_3G_2\overline{G_1}G_0$$
$$\qquad + G_3G_2G_1\overline{G_0} + G_3\overline{G_2}G_1G_0 + G_3\overline{G_2}\,\overline{G_1}\,\overline{G_0}$$
$$= \overline{G_3}\,\overline{G_2}(\overline{G_1}G_0 + G_1\overline{G_0}) + \overline{G_3}G_2(G_1G_0 + \overline{G_1}\,\overline{G_0}) + G_3G_2(\overline{G_1}G_0$$
$$\qquad + G_1\overline{G_0}) + G_3\overline{G_2}(G_1G_0 + \overline{G_1}\,\overline{G_0})$$

解表 4.7

グレイ符号				2 進符号			
G_3	G_2	G_1	G_0	B_3	B_2	B_1	B_0
0	0	0	0	0	0	0	0
0	0	0	1	0	0	0	1
0	0	1	1	0	0	1	0
0	0	1	0	0	0	1	1
0	1	1	0	0	1	0	0
0	1	1	1	0	1	0	1
0	1	0	1	0	1	1	0
0	1	0	0	0	1	1	1
1	1	0	0	1	0	0	0
1	1	0	1	1	0	0	1
1	1	1	1	1	0	1	0
1	1	1	0	1	0	1	1
1	0	1	0	1	1	0	0
1	0	1	1	1	1	0	1
1	0	0	1	1	1	1	0
1	0	0	0	1	1	1	1

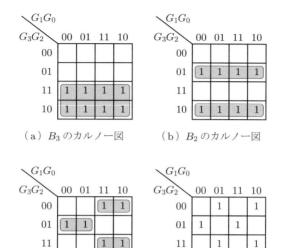

（a）B_3 のカルノー図　　（b）B_2 のカルノー図

（c）B_1 のカルノー図　　（d）B_0 のカルノー図

解図 4.10

$$= \overline{G_3}\,\overline{G_2}(G_1 \oplus G_0) + \overline{G_3}\,G_2(\overline{G_1 \oplus G_0}) + G_3 G_2(G_1 \oplus G_0)$$
$$\quad + G_3 \overline{G_2}(\overline{G_1 \oplus G_0})$$
$$= (\overline{G_3}\,\overline{G_2} + G_3 G_2)(G_1 \oplus G_0) + (\overline{G_3}\,G_2 + G_3 \overline{G_2})(\overline{G_1 \oplus G_0})$$
$$= \overline{(G_3 \oplus G_2)}(G_1 \oplus G_0) + (G_3 \oplus G_2)(\overline{G_1 \oplus G_0})$$
$$= (G_3 \oplus G_2) \oplus (G_1 \oplus G_0) = B_1 \oplus G_0$$

以上より，解図 4.11 が得られる．この図は図 1.18(b) の変換手順になる．

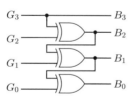

解図 4.11　　グレイ符号 → 2 進符号

4.12　8 ビット 4 チャネルマルチプレクサは，1 ビット 4 チャネルマルチプレクサ (図 4.29) を 8 個並べて，8 箇所の S_1，8 箇所の S_0，8 箇所の $\overline{EI}$ を接続する．S_1, S_0 で一つのチャネルをセレクトし，$\overline{EI} = 0$ で 8 ビット同時に出力する．実用 IC (16 ピン MSI) には図 4.29 が 2 個入っているので，実際はこの IC を 4 個並べる．

また，デマルチプレクサは，実用 IC (16 ピン MSI) に図 4.31 が 1 個入っているので，これを 4 個並べてマルチプレクサと同様に 4 個の S_1, S_0, $\overline{EI}$ を接続する．

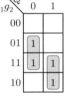

5.1 4.1 節および 5.1 節を参照.

5.2 表 5.4〜表 5.7 を示し, 現在の状態が 0 または 1 の状態で, 入力に 0 または 1 が入ると, 次の状態はどのようになるかの動作を記述する. なお, JK-FF と D-FF は, Cp に同期して動作することも記述する.

FF の動作特性を示す論理関数が特性方程式で, SR-FF は式 (5.5) と式 (5.6), T-FF は式 (5.10), JK-FF は式 (5.12), D-FF は式 (5.13) である.

5.3 まず, T-FF の特性方程式 $Q^+ = \overline{T}Q + T\overline{Q}$ について, 解表 5.1 の Q の値を代入して, Q^+ の値が得られるように T の値を決める. たとえば, 最上段 ($Q = 0, Q^+ = 0$) の場合, $Q^+ = \overline{T} \cdot 0 + T \cdot 1$ となり, $Q^+ = 0$ となるためには $T = 0$ でなければならない. また, 2 段目 ($Q = 1, Q^+ = 0$) の場合は, $Q^+ = \overline{T} \cdot 1 + T \cdot 0$ となり, $Q^+ = 0$ となるためには $\overline{T} = 0$, すなわち $T = 1$ となる. 同様の手順で解表 5.1 の T の値が求められる.

次に, T-FF の入力方程式を求める. T 入力端子について, 応用方程式の $g_1, g_2,$ Q で表した論理関数を解図 5.1(a) から求める.

$$T = \overline{g_1}Q + g_2\overline{Q}$$

D-FF については, T-FF と同様の手順で解表 5.1 の D の値を求め, 解図 5.1(b) から次式の入力方程式が求められる.

$$D = g_1Q + g_2\overline{Q}$$

解表 5.1 **応用方程式と特性方程式 (T-FF と D-FF) の関係**

g_1	g_2	Q	Q^+	T	D
0	0	0	0	0	0
0	0	1	0	1	0
0	1	0	1	1	1
0	1	1	0	1	0
1	0	0	0	0	0
1	0	1	1	0	1
1	1	0	1	1	1
1	1	1	1	0	1

（a）入力 T　　（b）入力 D

解図 5.1

5.4 設計したい D-FF の特性方程式は, $Q^+ = DQ + D\overline{Q}$ である. これを応用方程式 $Q^+ = g_1Q + g_2\overline{Q}$ に対応させると, $g_1 = D, g_2 = D$ である.

使用する SR-FF の入力方程式へ代入すると, $S = g_2\overline{Q} = D\overline{Q}, R = \overline{g_1}Q = \overline{D}Q$ である. これから図 5.19 が得られる.

5.5 前問の解より, $g_1 = D, g_2 = D$ なので, これらを JK-FF の入力方程式へ代入すると, $J = g_2 = D, K = \overline{g_1} = \overline{D}$ が求められる. 回路構成を解図 5.2 に示す.

5.6 設計したい T-FF の特性方程式を求めて，応用方程式に対応させて g_1, g_2 を求める．使用する FF の制御入力を与える入力方程式に g_1, g_2 を代入する．

T-FF の特性方程式　$Q^+ = \overline{T}Q + T\overline{Q}$

応用方程式　$Q^+ = g_1 Q + g_2 \overline{Q}$ より $g_1 = \overline{T}$, $g_2 = T$

D-FF の入力方程式　$D = g_1 Q + g_2 \overline{Q} = \overline{T}Q + T\overline{Q}$

回路構成において，D-FF の制御は入力 Cp，T-FF の制御は入力 T なので，$T = Cp = 1$ とすると $D = 0 \cdot Q + 1 \cdot \overline{Q} = \overline{Q}$ となり，解図 5.3（Cp はアクティブ L）となる．

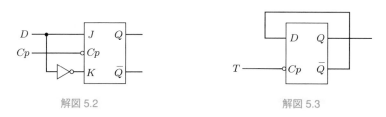

解図 5.2　　　　　　　　　　　　　　　　解図 5.3

5.7 記憶すべき状態数が 8 個なので，必要な FF は 3 個．表 5.17 を符号化した遷移表（解表 5.2）から Q_0^+, Q_1^+, Q_2^+ のカルノー図（省略）を得て，それぞれの特性方程式を求め，応用方程式に対応させて 3 個の JK-FF の入力方程式を求める．回路構成を解図 5.4 に示す（$A = Cp = 1$）．

解表 5.2　**遷移表**

状態	符号化			$A = 0$			$A = 1$		
	Q_2	Q_1	Q_0	Q_2^+	Q_1^+	Q_0^+	Q_2^+	Q_1^+	Q_0^+
S_0	0	0	0	0	0	0	0	0	1
S_1	0	0	1	0	0	1	0	1	1
S_2	0	1	0	0	1	0	1	1	0
S_3	0	1	1	0	1	1	0	1	0
S_4	1	0	0	×	×	×	×	×	×
S_5	1	0	1	×	×	×	×	×	×
S_6	1	1	0	1	1	0	1	1	1
S_7	1	1	1	1	1	1	0	0	0

$Q_2^+ = \overline{A}Q_0 Q_2 + A Q_1 \overline{Q_0} \overline{Q_2}$
$J_2 = Q_1 \overline{Q_0}, \qquad K_2 = Q_0$
$Q_1^+ = \overline{A Q_0 Q_2} Q_1 + A Q_0 \overline{Q_1}$
$J_1 = Q_0, \qquad K_1 = Q_0 Q_2$
$Q_0^+ = \overline{A Q_1} Q_0 + A \overline{Q_2} Q_1 \overline{Q_0}$
$J_0 = \overline{Q_2} Q_1, \qquad K_0 = Q_1$

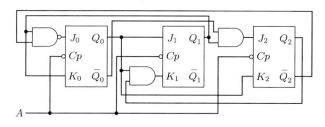

解図 5.4

5.8 SR-FF で D-FF を構成する (図 5.19 を参照). 解図 5.5 に示す.

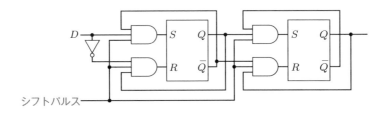

解図 5.5 2 ビット右シフトレジスタ (SR-FF)

5.9 それぞれ 3, 4, 5 ビットである.

5.10 5 進カウンタの遷移表は解表 5.3 で,回路構成は解図 5.6 である.

解表 5.3 5 進カウンタ

カウント	Q_2^+	Q_1^+	Q_0^+
0	0	0	0
1	0	0	1
			↓
2	0	1	0
3	0	1	1
		↓	
4	1	0	0
	↓ ③	↓ ②	↓ ①
5	0	0	0

Cp は立ち下がりでアクティブとする.
①カウント 4 の状態を条件として,カウント 5 で 0 にする.
②カウント 5 で Q_0^+ が変化しないので,出力 Q_1^+ も変化しない.
③カウント 4 の状態を条件として,カウント 5 で 0 にする.このとき,本来のカウント入力と OR 接続する.

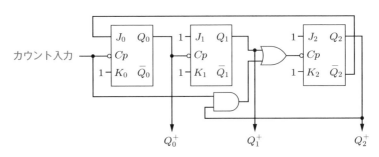

解図 5.6 非同期式 5 進カウンタ (JK-FF)

5.11 3 進カウンタなので,記憶すべき状態数は 3 で,D-FF を 2 個使用する.例題 5.10 の表 5.12 と図 5.26 より,3 進カウンタの特性方程式 Q_0^+, Q_1^+ を応用方程式に対応させて,その係数を求める.

3 進カウンタの特性方程式
$$Q_0^+ = \overline{A}Q_0 + A\overline{Q_1}\overline{Q_0}, \qquad Q_1^+ = \overline{A}Q_1 + AQ_0\overline{Q_1}$$

を，応用方程式

$$Q_0^+ = g_{1,0}Q_0 + g_{2,0}\overline{Q_0}, \qquad Q_1^+ = g_{1,1}Q_1 + g_{2,1}\overline{Q_1}$$

に対応させると，次のようになる．

$$g_{1,0} = \overline{A}, \qquad g_{2,0} = A\overline{Q_1}, \qquad g_{1,1} = \overline{A}, \qquad g_{2,1} = AQ_0$$

使用する D-FF の入力方程式 $D = g_1Q + G_2\overline{Q}$ に代入し，D-FF は同期式なので
カウント入力 A を Cp に流用して $A = Cp = 1$ とすると，D_0 と D_1 の入力方式が求
められる．

$$D_0 = \overline{A}Q_0 + A\overline{Q_1}\,\overline{Q_0} = \overline{Q_1}\,\overline{Q_0}, \qquad D_1 = \overline{A}Q_1 + AQ_0\overline{Q_1} = Q_0\overline{Q_1}$$

回路構成を解図 5.7 に示す．なお，$Z = AQ_1$ である．

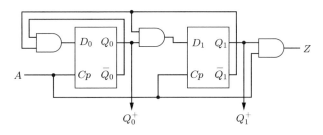

解図 5.7　3 進カウンタ (D-FF)

5.12　グレイ符号の 3 進カウンタのカウントアップは，0 (00) → 1 (01) → 2 (11) →
0 (00) → ⋯ となり，カウント 3 の符号 (10) は出現しないのでドントケア項である．
遷移表は，解表 5.4 である．

解表 5.4　グレイ符号 3 進カウンタ

現在の状態		次の状態				出力
		入力 $A = 0$		入力 $A = 1$		
Q_1	Q_0	Q_1^+	Q_0^+	Q_1^+	Q_0^+	Z
0	0	0	0	0	1	0
0	1	0	1	1	1	0
1	1	1	1	0	0	1
1	0	×	×	×	×	×

カルノー図 (省略) を用いて設計したい回路の特性方程式 Q_0^+, Q_1^+ を求め，使用す
る T-FF の入力方程式を求める．

$$\left.\begin{array}{l} Q_0^+ = (\overline{A} + \overline{Q_1})Q_0 + A\overline{Q_0} = \overline{AQ_1}Q_0 + A\overline{Q_0} \\ Q_1^+ = \overline{A}Q_1 + AQ_0\overline{Q_1} \end{array}\right\} \ \text{特性方程式}$$

応用方程式より，$g_{1,0} = \overline{AQ_1}$, $\quad g_{2,0} = A$, $\quad g_{1,1} = \overline{A}$, $\quad g_{2,1} = AQ_0$

T-FF の入力方程式 $T = \overline{g_1}Q + g_2\overline{Q}$ に代入し，カルノー図 $(Q_1 = 1, Q_0 = 0$ のとき ×) で簡単化する．

$$T_0 = AQ_1Q_0 + A\overline{Q}_0 = AQ_1 + A\overline{Q}_0 = A(Q_1 + \overline{Q}_0) \quad \cdots \text{解図 5.8 の入力 } T_0$$
$$T_1 = AQ_1 + AQ_0\overline{Q}_1 = AQ_0 \quad\quad\quad\quad\quad\quad\quad \cdots \text{解図 5.8 の入力 } T_1$$

T-FF は同期用 Cp 入力端子がないので，カウント時の入力 A に同期して全 FF を動作させる．

また，出力は $Z = AQ_1$ である．

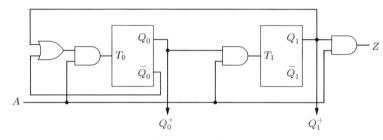

解図 5.8 グレイ符号 3 進カウンタ (T-FF)

5.13 5 進カウンタなので，$0 \to 1 \to 2 \to 3 \to 4$ とカウントアップし，カウント 5 で 0 に戻り，けた上がり出力 $Z = 1$ が出る．カウント 5, 6, 7 は出現しないのでドントケア項である．

カルノー図 (省略) を用いて Q_0^+, Q_1^+, Q_2^+ を求め，D-FF の入力方程式を求める．

$$Q_0^+ = \overline{A}Q_0 + A\overline{Q}_2\overline{Q}_0 \to g_{1,0} = \overline{A}, \quad\quad g_{2,0} = A\overline{Q}_2$$
$$Q_1^+ = \overline{A}Q_0Q_1 + AQ_0\overline{Q}_1 \to g_{1,1} = \overline{A}Q_0, \quad g_{2,1} = AQ_0$$
$$Q_2^+ = \overline{A}Q_2 + AQ_1Q_0\overline{Q}_2 \to g_{1,2} = \overline{A}, \quad\quad g_{2,2} = AQ_1Q_0$$

右波括弧: 5 進カウンタの特性方程式から求めた応用方程式の係数 g_1, g_2

$A = Cp = 1$ とみなして，$D = g_1Q + g_2\overline{Q}$ に代入する．

解表 5.5 5 進カウンタ

| 現在の状態 | | | 次の状態 | | | | | | 出力 |
| | | | 入力 $A = 0$ | | | 入力 $A = 1$ | | | |
Q_2	Q_1	Q_0	Q_2^+	Q_1^+	Q_0^+	Q_2^+	Q_1^+	Q_0^+	Z
0	0	0	0	0	0	0	0	1	0
0	0	1	0	0	1	0	1	0	0
0	1	0	0	1	0	0	1	1	0
0	1	1	0	1	1	1	0	0	0
1	0	0	1	0	0	0	0	0	1
1	0	1	×	×	×	×	×	×	×
1	1	0	×	×	×	×	×	×	×
1	1	1	×	×	×	×	×	×	×

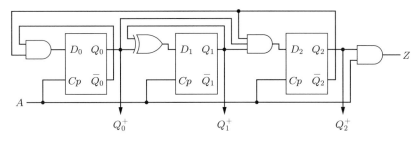

解図 5.9　5 進カウンタ (*D*-FF)

$$D_0 = \overline{A}Q_0 + A\overline{Q}_2\overline{Q}_0 = \overline{Q}_2\overline{Q}_0$$
$$D_1 = \overline{A}\overline{Q}_0Q_1 + AQ_0\overline{Q}_1 = \overline{Q}_0Q_1 + Q_0\overline{Q}_1 = Q_0 \oplus Q_1 \left.\begin{array}{c}\\\\\\\end{array}\right\} \begin{array}{l}\text{解図 5.9 の入力 } D\\ \text{の回路構成}\end{array}$$
$$D_2 = \overline{A}Q_2 + AQ_1Q_0\overline{Q}_2 = Q_1Q_0\overline{Q}_2$$
$$Z = AQ_2 \quad \cdots \text{出力}$$

5.14　7 進カウンタなので 0 から 6 へカウントアップし，カウント 7 で 0 に戻り，出力 $Z = 1$ が出る．カウント 7 は出現しないのでドントケア項である．

　　カルノー図 (省略) を用いて 7 進カウンタの特性方程式 Q_0^+, Q_1^+, Q_2^+ を求め，応用方程式の g_1, g_2 に対応させ，*JK*-FF の入力方程式を求め，入力 J, K を解図 5.10

解表 5.6　7 進カウンタ

カウント	2 進符号			$A = 0$			$A = 1$			出力 Z
	Q_2	Q_1	Q_0	Q_2^+	Q_1^+	Q_0^+	Q_2^+	Q_1^+	Q_0^+	
0	0	0	0	0	0	0	0	0	1	0
1	0	0	1	0	0	1	0	1	0	0
2	0	1	0	0	1	0	0	1	1	0
3	0	1	1	0	1	1	1	0	0	0
4	1	0	0	1	0	0	1	0	1	0
5	1	0	1	1	0	1	1	1	0	0
6	1	1	0	1	1	0	0	0	0	1
7	1	1	1	×	×	×	×	×	×	×

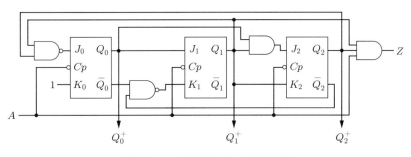

解図 5.10　7 進カウンタ (*JK*-FF)

のように回路構成する $(A = Cp = 1)$.

$$Q_0^+ = \overline{A}Q_0 + A\overline{Q_1Q_2}\,\overline{Q}_0 \rightarrow J_0 = \overline{Q_1Q_2}, \qquad K_0 = 1$$
$$Q_1^+ = (\overline{A} + \overline{Q_2\overline{Q}_0})Q_1 + AQ_0\overline{Q}_1 \rightarrow J_1 = Q_0, \qquad K_1 = \overline{\overline{Q}_2\overline{Q}_0}$$
$$Q_2^+ = \overline{A}\overline{Q}_1Q_2 + AQ_1Q_0\overline{Q}_2 \rightarrow J_2 = Q_1Q_0, \qquad K_2 = Q_1$$
$$Z = AQ_2Q_1$$

5.15 グレイ符号の 7 進カウンタは解表 5.7 で, 回路構成は解図 5.11 である.

解表 5.7　グレイ符号の 7 進カウンタ

カウント	グレイ符号			$A = 0$			$A = 1$			Z
	Q_2	Q_1	Q_0	Q_2^+	Q_1^+	Q_0^+	Q_2^+	Q_1^+	Q_0^+	
0	0	0	0	0	0	0	0	0	1	0
1	0	0	1	0	0	1	0	1	1	0
2	0	1	1	0	1	1	0	1	0	0
3	0	1	0	0	1	0	1	1	0	0
4	1	1	0	1	1	0	1	0	0	0
5	1	1	1	1	1	1	1	0	1	0
6	1	0	1	1	0	1	0	0	0	1
7	1	0	0	×	×	×	×	×	×	×

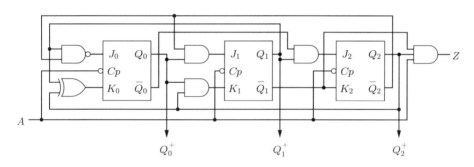

解図 5.11　グレイ符号 7 進カウンタ (JK-FF)

$A = 1$ のときカウントアップする.

$$Q_2^+ = (\overline{A} + Q_1)Q_2 + AQ_1\overline{Q}_0\overline{Q}_2$$
$$Q_1^+ = \overline{AQ_0\overline{Q}_2}Q_1 + A\overline{Q}_2Q_0\overline{Q}_1$$
$$Q_0^+ = (\overline{A} + Q_2Q_1 + \overline{Q}_2\overline{Q}_1)Q_0 + A(\overline{Q}_1 + Q_2)\overline{Q}_0$$
$$= (\overline{A} + \overline{Q_2 \oplus Q_1})Q_0 + A\overline{Q_1\overline{Q}_2}\,\overline{Q}_0$$
$$J_2 = Q_1\overline{Q}_0, \qquad K_2 = \overline{Q}_1, \qquad J_1 = \overline{Q}_2Q_0, \qquad K_1 = Q_2Q_0$$
$$J_0 = \overline{Q_1\overline{Q}_2}, \qquad K_0 = Q_2 \oplus Q_1, \qquad Z = AQ_2\overline{Q}_1$$

参考文献

[1] 安宅彦三郎『ブール代数』共立出版 (1969)

[2] 宇田川銈久『論理数学とディジタル回路』朝倉書店 (1964)

[3] 尾崎弘，樹下行三，白川功『情報回路理論 (1)』コロナ社 (1970)

[4] 手塚慶一『電子計算機基礎論』昭晃堂 (1978)

[5] 尾崎弘，藤原秀雄『論理数学の基礎』オーム社 (1980)

[6] 松本光功『論理回路』昭晃堂 (1983)

[7] 喜安善市，清水賢資『ディジタル情報回路』森北出版 (1977)

[8] 田丸啓吉『論理回路の基礎』工学図書 (1983)

[9] 山田輝彦『論理回路理論』森北出版 (1990)

[10] 鈴村宣夫『論理回路演習』朝倉書店 (1985)

[11] 村田正『電子回路の基礎』共立出版 (1989)

[12] 青木由直，恩田邦夫『マイクロコンピュータ講義』昭晃堂 (1983)

[13] 御牧義『ディジタル回路入門』昭晃堂 (1981)

[14] 斉藤忠夫『ディジタル回路』コロナ社 (1982)

[15] 小山一平，窪田清『IC 回路ハンドブック』ラテイス社 (1972)

[16] 横井与次郎『ディジタル IC 実用回路マニュアル』ラジオ技術社 (1974)

[17] 遠坂俊昭『CMOS-IC のえらび方・使い方』技術評論社 (1987)

[18] 岡田弘『TTL-IC えらび方・使い方』技術評論社 (1987)

[19] IBM "*Field Engineering Students Guide SYSTEM 360/20*"

[20] T. C. Bartee "*Digital Computer Fundamentals* (3 edt.)" McGraw-Hill, Kogaku-sha (1972)

[21] H. Lam and J. O'Malley "*Fundamentals of Computer Engineering*" John Wiley & Sons (1988)

[22] E. J. McCluskey and T. C. Bartee "*A Survey of Switching Circuit Theory*" McGraw-Hill (1962)

[23] Texas Instruments "*The Bipolar Digital Integrated Circuits Data Book*" (1985)

[24] Intel "*Component Data Catalog*" (1978)

索 引

著 者 略 歴

浜辺　隆二（はまべ・りゅうじ）
1970 年　防衛大学校理工学研究科修了
　　　　　防衛大学校助手
1972 年　福岡工業大学通信工学科講師
1987 年　同大学情報工学科教授
2014 年　同大学退職
　　　　　工学博士（大阪大学）

編集担当　福島崇史（森北出版）
編集責任　宮地亮介・富井晃（森北出版）
組　　版　ブレイン
印　　刷　丸井工文社
製　　本　同

論理回路入門（第 4 版）　　　　　　　　　　　　© 浜辺隆二　2021

1995 年 9 月 28 日	第 1 版第 1 刷発行
2008 年 2 月 28 日	第 1 版第 13 刷発行
2008 年 12 月 15 日	第 2 版第 1 刷発行
2015 年 2 月 20 日	第 2 版第 7 刷発行
2015 年 11 月 26 日	第 3 版第 1 刷発行
2021 年 2 月 22 日	第 3 版第 7 刷発行
2021 年 12 月 3 日	第 4 版第 1 刷発行
2023 年 8 月 10 日	第 4 版第 3 刷発行

【本書の無断転載を禁ず】

著　　者　浜辺隆二
発 行 者　森北博巳
発 行 所　森北出版株式会社
　　　　　東京都千代田区富士見 1-4-11（〒102-0071）
　　　　　電話 03-3265-8341／FAX 03-3264-8709
　　　　　https://www.morikita.co.jp/
　　　　　日本書籍出版協会・自然科学書協会　会員
　　　　　JCOPY　＜（一社）出版者著作権管理機構　委託出版物＞

落丁・乱丁本はお取替えいたします.

Printed in Japan／ISBN978-4-627-82364-8